쉽게 배우는
리본 자수의 기초

Ribbon Stitches

오구라 유키코 지음 | **강수현** 옮김

한스미디어

들어가며

리본 자수는 일찍이 18~19세기에 유럽 귀족들의 의상과 소지품을 아름답게 장식하는 데 쓰였다고 합니다. 이 책에서 소개하는 새로운 리본 자수는 당시의 리본과는 소재도 너비도 다른 리본을 사용합니다. 리본의 소재며 너비에 맞는 스티치로 수를 놓으면, 표현과 즐거움의 폭이 한층 넓어집니다. 오늘날의 새로운 리본으로 놓을 수 있는 새로운 스티치도 여러 가지 고안하였습니다. 이 책에서는 스티치의 바늘 진행이 같은 스티치들을 모아 5개의 그룹으로 나누었습니다.

같은 스티치라도 리본의 소재와 너비에 따라 각각 적합한 크기가 있고, 또한 리본을 당기는 정도에 따라 완성된 느낌도 달라집니다. 각각의 스티치를 이용한 응용 작품도 실었습니다. 스티치 샘플을 참고로, 도안에 적합한 스티치를 조합하여 즐겁게 작품을 만들어주세요. 리본 자수를 즐기시기를 진심으로 바랍니다.

오구라 유키코

Contents

도구와 재료

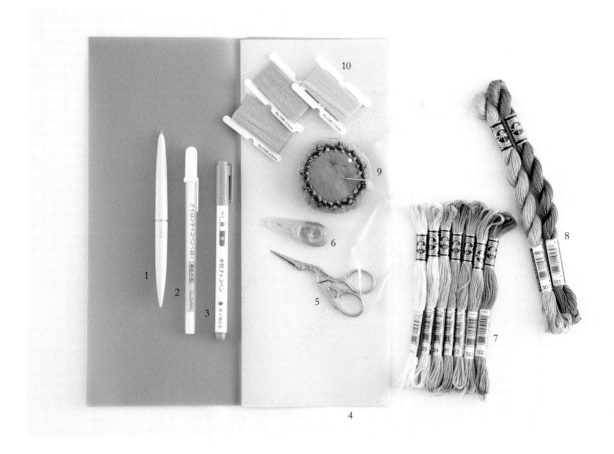

1. 트레이서
도안을 베낄 때 사용합니다. 단단한 연필이나 다 쓴 볼펜 등을 활용해도 좋습니다.

2. 아이론 초크 펜(흰색)
진한 색상의 천에 도안을 그릴 때 사용합니다.

3. 초크 펜
천에 직접 도안을 그릴 때 사용합니다.

4. 초크 페이퍼
도안을 자수 천에 베낄 때 사용합니다. 초크가 한 면에 묻어 있고, 물에 지워지는 타입이 편리합니다.

5. 쪽가위
끝이 뾰족하고 잘 드는 것이 좋습니다.

6. 스레더
리본이나 자수실이 바늘구멍에 잘 끼워지지 않을 때 사용합니다.

7. 25번 자수실
리본 자수의 포인트로 사용합니다(→62쪽).

8. 5번 자수실
리본 자수의 포인트로 사용합니다(→62쪽).

9. 리본 자수용 바늘
리본 자수는 끝이 뾰족한 셔닐 바늘로 수를 놓지만, 스웨터 등에 수놓을 때나 리본을 바늘로 뜨는 스티치를 사용할 때는 끝이 둥근 바늘을 사용합니다. 바늘의 굵기는 수놓는 천, 스티치, 리본의 폭에 따라 구분하여 사용하고, 수놓기가 힘들거나 리본이 잘 빠지지 않으면 바늘을 바꾸어봅니다.

● 자주 사용하는 바늘(실물크기)

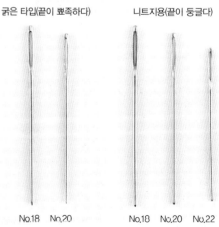

굵은 타입(끝이 뾰족하다)   니트지용(끝이 둥글다)

No.18 No.20   No.18 No.20 No.22

10. 자수 리본

종류, 폭, 색상이 다양하므로 천, 도안, 디자인에 따라 선택합니다. 이 책의 스티치는 실물 크기로 실려 있으므로, 리본의 폭이며 질감, 스티치 했을 때의 크기 차이를 참고해주세요 (전부 EA=5m). 이 책에 실린 모든 리본은 모쿠바(MOKUBA)의 상품을 사용하였습니다.

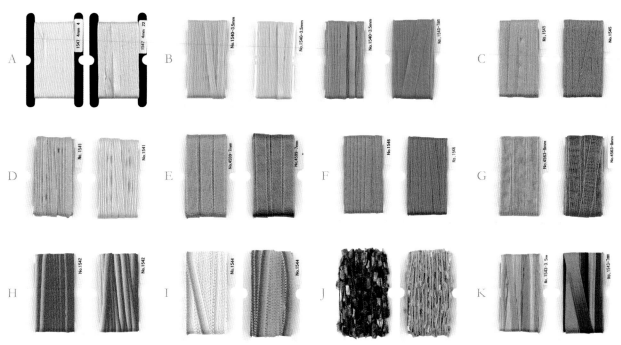

A. No.1547-4mm 실크 특유의 부드러움이 있는 리본입니다. 섬세한 스티치에 적당합니다.   B. No.1540-3.5mm, 7mm 다양한 스티치가 가능합니다. 수놓기 쉽고, 기본이 되는 리본입니다.   C. No.1545 라메가 섞인 리본입니다. 뻣뻣해 보이지만 부드럽고 수놓기 쉽습니다.   D. No.1541 폭은 좁지만 탄탄하고 광택이 있는 조금 뻣뻣한 리본입니다. 입체감을 표현하기 좋습니다.   E. No.4599-7mm, 13mm 표면에 독특한 느낌이 있는 리본입니다. 앞과 뒤의 광택이 다릅니다. F. No.1546 빛에 따라 메탈릭 광택이 나는 리본입니다. No.1540 보다 단단하고, No.1541보다는 부드럽고 약간 탄탄합니다. 대부분의 스티치에

사용할 수 있습니다.   G. No.4563-8mm, 15mm 오건디 리본입니다. 비치는 느낌이 있어 먼저 수놓은 스티치 위에 겹쳐서 효과를 내거나, 작은 꽃 만들기에 적당합니다.   H. No.1542 폭이 좁은 그러데이션 리본입니다. No.1540보다 약간 뻣뻣하지만 수놓기 쉽습니다.   I. No.1544 피코(프릴)가 있는 그러데이션의 귀여운 리본입니다. 조금 뻣뻣한 편이라 모양을 또렷이 낼 때나 입체감이 있는 스티치에 적당합니다.   J. No.F 장식 술이 달린 리본입니다. 줄기 등 흐르는 듯한 라인에 추천합니다.   K. No.1543-3.5mm, 7mm No.1540의 멀티컬러 염색 리본입니다. 색의 변화로 스티치에 재미있는 효과를 냅니다.

천에 대하여

리본 자수는 다양한 천에 수를 놓지만, 너무 얇거나 털이 긴 천은 적합하지 않습니다. 리본 자수의 우아함을 돋보이게 하는 천을 선택합니다.

● 적합한 천
a,c 샨텅 실크 b 면벨벳 d,e 면마 혼방 f,g 마 h 모아레

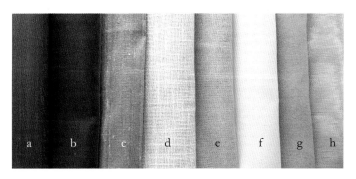

도안 그리는 법

천 위에 도안을 올려 시침핀으로 고정하고, 초크 페이퍼(묻어나는 면을 아래로)를 천과 도안 사이에 끼운 다음, 셀로판지를 겹쳐 트레이서로 선을 꼼꼼히 그립니다.

수놓기 포인트

수놓기 전

〈리본 꿰는 법〉 모든 리본을 이 방법으로 꿰지는 않습니다. 가늘고 부드러운 리본(No.1540-3.5mm, No.1542, No.1545, No.1547)에 알맞은 방법입니다. 그 밖의 리본은 그대로 꿰어 사용합니다.

1 리본은 50cm 정도로 자르고, 끝을 비스듬히 잘라 바늘에 끼웁니다.

2 리본 끝에서 1.5cm 정도 위치의 중앙에 바늘을 찌릅니다.

3 바늘 끝을 잡고 그대로 리본을 당깁니다.

4 바늘귀 부분에서 리본이 멈춥니다.

〈매듭 만드는 법〉

1 리본 끝에서 1~2cm 위치에 바늘을 찌릅니다.

2 리본 끝을 잡고, 바늘을 리본 안으로 통과시킵니다.

3 바늘을 빼서 생긴 원으로 바늘을 통과시킵니다.

4 그대로 리본을 당겨 매듭을 만드는데, 너무 잡아당겨 매듭이 작아지지 않도록 주의하여 가만히 누릅니다.

자수 시작하기

〈천의 뒤쪽에서 리본에 바늘을 찔러 시작하기〉

1 매듭을 만들지 않을 때는 리본을 찔러 끝이 빠져나오기 직전까지 당기고

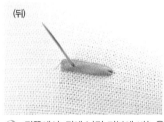

(뒤)

2 뒤쪽에서, 뒤에 남긴 리본에 바늘을 찔러 고정합니다.

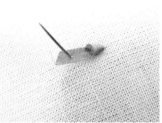

(뒤)

매듭을 지어 자수를 시작할 때도, 다음 스티치에서 뒤의 리본에 바늘을 찔러 고정해두면 스티치가 안정됩니다.

〈먼저 수놓은 리본의 뒤로 통과시켜 시작하기〉

(뒤)

1 먼저 수놓은 스티치가 있을 때는, 우선 매듭을 만들고, 뒤를 지나고 있는 리본이나 실에 바늘을 통과시킵니다.

(뒤)

2 매듭이 걸리도록 통과시킵니다.

3 앞으로 바늘을 빼서 스티치를 합니다.

수놓을 때 바늘 넣는 법

〈그대로 천에 찌르기〉
빳빳한 리본에 적당합니다.

〈리본 위에서 바늘을 넣기〉
부드러운 리본에 적당합니다.

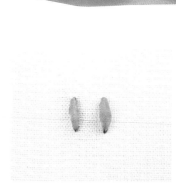

어느 방법이든 상관없지만, 리본 위에서
천으로 넣는 쪽이 안정적입니다.

자수 끝내기

〈리본 마무리하는 법〉

1 수를 다 놓았으면, 뒤에서 매듭을
만듭니다.

2 너무 세게 당기면 매듭이 작아져
빠지기 쉬우므로 주의합니다.

3 걸쳐 있는 리본에 5cm 정도 통과
시킵니다.

4 여분의 리본을 자릅니다.

〈리본 정리하는 법〉

1 뒤의 리본 끝이 신경 쓰일 때, 바늘
로 한가운데로 모읍니다.

2 리본과 같은 계열 색상의 25번 자
수실을 바늘에 1겹으로 꿰어, 바느
질해 고정합니다.

3 리본 끝이 정리되었습니다.

수놓는 도중에 리본이 부족해졌다면

〈체인 스티치의 경우〉

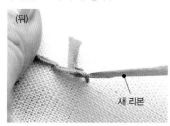

1 새 바늘에 새 리본을 꿰어 준비하
고, 천의 뒤쪽에서 매듭을 첫 리본
에 통과시킵니다.

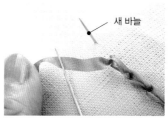

2 1을 체인의 고리에서 앞으로 빼고,
다음 스티치의 위치에 새 바늘을
빼둡니다.

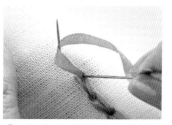

3 새 바늘에 리본을 걸고, 체인의 고
리로 돌아옵니다.

4 첫 바늘은 리본 끝을 찌른 다음, 뒤
에 걸쳐 있는 리본에 통과시킵니다.

7

Flat Stitches

평평한 스티치

재료

자수 리본

(No.1540-3.5mm) col.035　col.036　col.356　col.364　col.468

(No.1540-7mm) col.034　col.305

(No.1541) col.419　col.429

(No.1542) col.2　col.15

(No.1547-4mm) col.36

스티치는 실물크기

평평한 스티치

피시본S
1541(429)

피시본S
1540-3.5mm(036)

1540-3.5mm
(036)

새틴S
1540-3.5mm(035)

1540-3.5mm
(035)

새틴S
1540-3.5mm(468)

스트레이트S©
1541(419)

아우트라인S④
1547-4mm(36)

1540-3.5mm
(356)

스트레이트S
1542(2)

1540-3.5mm
(468)

도드라진 부분이 적고 평면에 가깝게 완성되는 스티치입니다.
꽃줄기를 표현하거나, 꽃잎을 메우거나, 잎을 수놓거나 하는 등 다양하게 사용할 수
있습니다. 특별히 어려운 테크닉이 없고 기본적으로 실 자수와 수놓는 법이 같지만,
리본 자수만의 요령이나 수놓는 법이 있으므로 주의하여 수놓습니다.

1540-3.5mm(364)

피시본S
1540-3.5mm(356)

클로즈드 헤링본S
1540-3.5mm(468)

1541(419)

새틴S
1540-3.5mm(035)

새틴S
1542(2)

1541(429)
1541(419)

바스켓S

스트레이트S©
1540-7mm(034)

스트레이트S

스트레이트S
1541(419)

1541(419)

1540-7mm
(035)

1541(429)

헤링본S

아우트라인S©
1542(15)

새틴S

★ S는 스티치의 약자. ( ) 안은 색 번호

9

북 커버 2종

피시본 스티치와 헤링본 스티치는 꽃잎이나 잎의 면을 메울 때에
추천하는 평평한 스티치입니다.
산뜻한 이미지의 하늘색은 문고본 사이즈, 차분한 색감의 보라색은
단행본 사이즈로 북 커버를 만들어보았습니다.

만드는 법 → 87쪽

1

2

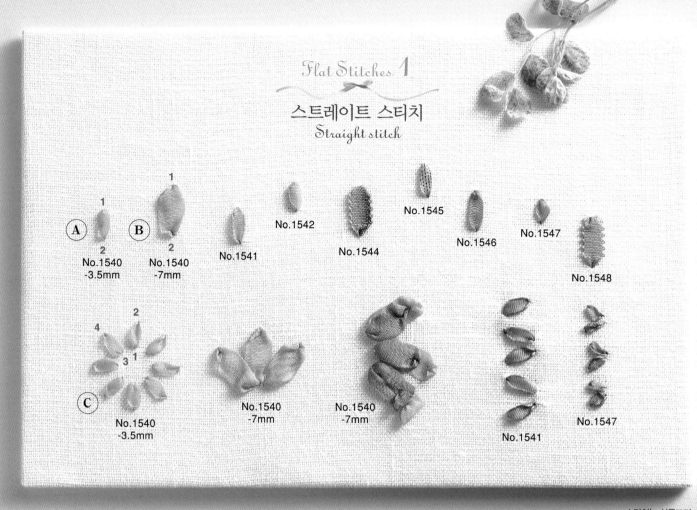

A No.1540
-3.5mm

B No.1540
-7mm

No.1541

No.1542

No.1544

No.1545

No.1546

No.1547

No.1548

C No.1540
-3.5mm

No.1540
-7mm

No.1540
-7mm

No.1541

No.1547

스티치는 실물크기

A

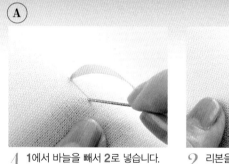

1 1에서 바늘을 빼서 2로 넣습니다.

2 리본을 천천히 당깁니다. 지나치게 당기지 않도록 주의합니다.

B

1 1에서 바늘을 빼서, 리본 위에서 2로 넣습니다.

2 리본을 천천히 당깁니다. Ⓐ보다 리본이 안정감 있게 고정됩니다.

C

1 1에서 바늘을 빼서 리본 위에서 2로 넣습니다.

2 엄지손가락(펜이나 바늘 끝도 OK)을 넣어 고리 모양을 정돈합니다.

3 엄지손가락을 빼고 그대로 가만히 당깁니다. 당기는 방법에 따라 모양이 달라집니다.

4 이중으로 수놓을 경우, 위쪽 리본은 아래쪽 리본과 같은 위치에서 바늘을 빼서 같은 요령으로 수를 놓습니다.

새틴 스티치 & 롱 앤드 쇼트 스티치
Satin stitch & Long and short stitch

| No.1540 -3.5mm | No.1540 -7mm | No.1541 | No.1542 | No.1545 | No.1546 | No.1547 |

스티치는 실물크기

새틴 스티치

1 도안 한가운데로 바늘을 빼서 한 땀을 뜬 다음 1로 뺍니다.

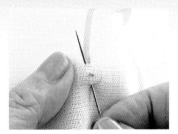

2 1에서 바늘을 빼서 2로 넣고, 3에서 바늘을 뺍니다.

3 같은 요령으로 왼쪽을 모두 수놓았으면 오른쪽으로 바늘을 뺍니다.

4 오른쪽도 똑같이 수를 놓습니다.

롱 앤드 쇼트 스티치

1 바늘을 빼서 한 땀을 뜬 다음 1로 뺍니다.

2 1에서 바늘을 빼서 2로 넣고, 3에서 바늘을 빼어 수놓아갑니다. 곡선 부분은 짧은 스티치를 놓습니다.

3 그다음은 긴 스티치를 놓습니다.

4 길고 짧은 스티치를 반복하는 것이 아니라 곡선에 맞추어 길이를 조절합니다.

13

Flat Stitches 3

헤링본 스티치
Herringbone stitch

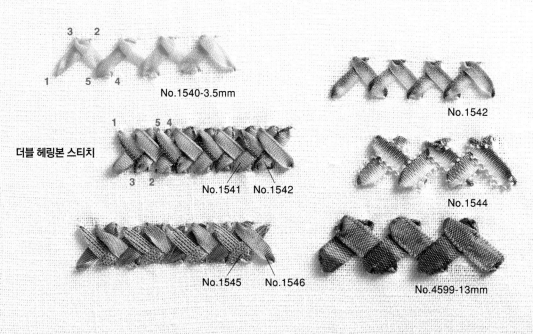

No.1540-3.5mm

No.1542

더블 헤링본 스티치

No.1541 No.1542

No.1544

No.1545 No.1546

No.4599-13mm

스티치는 실물크기

1. 1에서 바늘을 빼서, 2로 넣고 3으로 뺍니다.

2. 4로 바늘을 넣고 5로 뺍니다.

3. 1~4를 반복합니다.

4. 수를 끝낼 때는 리본에 바늘을 넣습니다.

더블 헤링본 스티치

1. 먼저 1~4의 요령으로 헤링본 스티치를 하고, 다른 리본으로 겹쳐서 헤링본 스티치를 합니다.

2. 1에서 바늘을 빼서, 2로 넣고 3으로 뺍니다.

3. 먼저 수놓은 헤링본 스티치로 리본을 통과시켜서, 4로 넣고 5로 뺍니다.

4. 1~4를 반복하는데, 그러데이션 리본일 때는 방향을 맞추는 것이 예쁩니다.

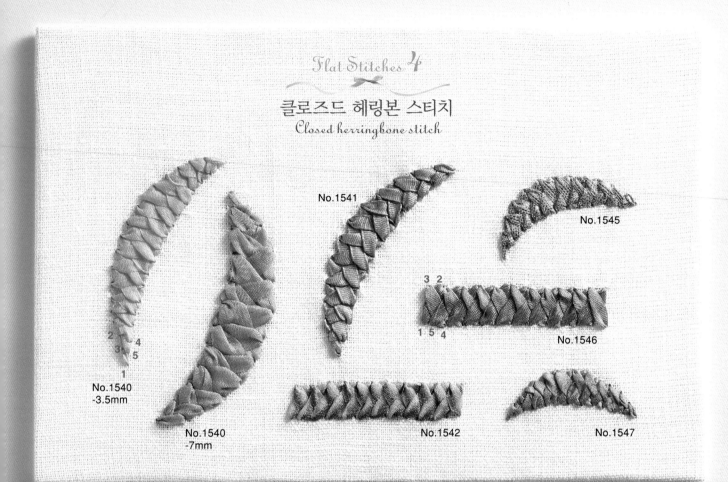

Flat Stitches 4

클로즈드 헤링본 스티치
Closed herringbone stitch

No.1541

No.1545

3 2

1 5 4

No.1546

2 4
3
5

1

No.1540
-3.5mm

No.1540
-7mm

No.1542

No.1547

스티치는 실물크기

직선으로 수놓을 때

곡선으로 수놓을 때

1 헤링본 스티치와 같은 요령으로, 간격을 메우며 수를 놓습니다.

2 가지런하게 스티치를 수놓아갑니다.

3 수를 끝낼 때는 리본에 바늘을 넣습니다.

4 바늘을 빼서 한 땀을 뜬 다음 1로 뺍니다. 뾰족한 부분에 맞게 리본을 살짝 비틀어 가늘게 만듭니다.

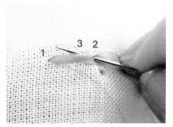

5 리본 위에서 2로 바늘을 넣고, 3으로 뺍니다.

6 4로 바늘을 넣고 5로 뺍니다.

7 바깥쪽 곡선과 안쪽 곡선은 길이가 다르므로, 바늘로 뜨는 천의 길이를 조절하며 수놓아갑니다.

뒤쪽

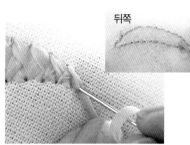

8 수를 끝낼 때도 리본을 비틀어 가늘게 만든 다음, 리본에 바늘을 넣습니다.

15

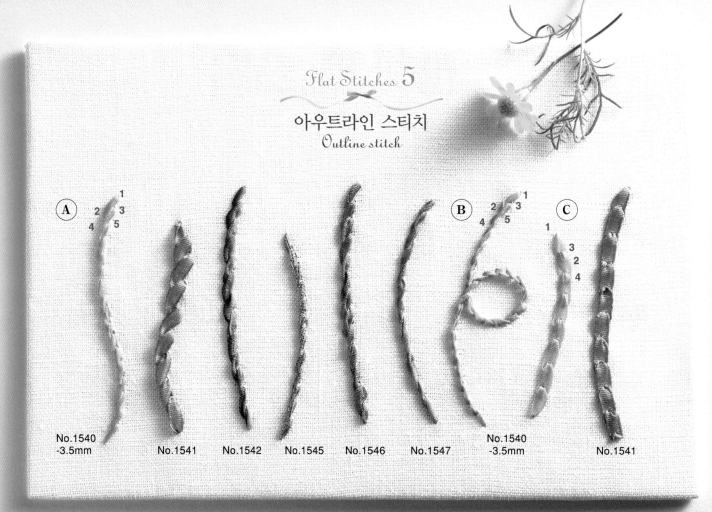

Flat Stitches 5

아우트라인 스티치
Outline stitch

Ⓐ Ⓑ Ⓒ

No.1540
-3.5mm

No.1541

No.1542

No.1545

No.1546

No.1547

No.1540
-3.5mm

No.1541

스티치는 실물크기

Ⓐ

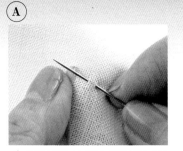

1 1에서 바늘을 빼서, 2로 넣고 3으로 뺍니다.

2 4로 바늘을 넣어 5로 빼기를 반복하여 수를 놓습니다. 라인의 굵기에 맞추어 스티치 길이를 조절합니다.

Ⓑ

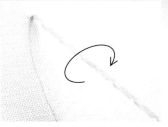

1 1에서 바늘을 빼고, 바늘을 돌려 리본에 꼬임을 줍니다. 2로 바늘을 넣고 3으로 뺍니다.

2 4로 바늘을 넣어 5로 빼기를 반복하여 수를 놓습니다.

Ⓒ

3 가는 선을 수놓을 수 있습니다.

4 1에서 바늘을 빼서, 리본 위에서 2로 넣고 3으로 뺍니다.

2 리본 끝을 정돈해가며 반복합니다.

3 수를 끝낼 때는 리본에 바늘을 넣습니다.

바스켓 스티치
Basket stitch

1 4 5

6   5
3   4
2   1

2 3 6

No.1540
-3.5mm

No.1541   No.1542

No.1541   No.1546

No.4599   No.1544
-7mm

No.1547

No.1542   No.1548

스티치는 실물크기

1 먼저 세로 리본을 수놓습니다. 1에서 바늘을 빼서 2로 넣습니다.

2 2의 옆, 3에서 바늘을 빼서 4로 넣습니다.

3 1~4를 반복하여 세로 리본을 모두 수놓습니다.

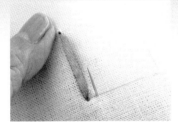

4 다음은 가로 리본을 수놓습니다. 끝이 둥근 바늘로 바꾸어 오른쪽 끝의 리본 옆에서 바늘을 뺍니다.

끝이 둥근 바늘이 없다면…

5 리본을 1가닥씩 번갈아 바늘로 뜹니다.

6 리본의 꼬임을 풀어 정돈한 다음, 2로 바늘을 넣고 3으로 뺍니다.

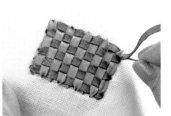

7 바둑판 무늬가 되도록 리본을 번갈아 넣고, 수를 끝낼 때는 천에 바늘을 넣습니다.

8 바늘로 리본을 뜰 경우, 끝이 둥근 바늘을 사용하는 것이 가장 좋지만, 없을 때는 바늘귀 쪽으로 통과시켜도 좋습니다.

17

피시본 스티치A
Fishbone stitch A

No.1540
-3.5mm

No.1540
-7mm

No.1541

No.1542

No.1546

No.1547

No.1544

No.1548

No.1545

No.1547

스티치는 실물크기
*완성 모습이 피시본 스티치B보다 평평합니다.

1 잎 도안을 옮긴 다음, 수놓는 각도의 기준으로 삼기 위해 중앙선에 3등분 지점을 표시해둡니다.

2 1에서 바늘을 빼서, 2(중앙선의 ⅓ 위치)로 넣고 3에서 뺍니다.

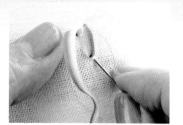

3 4(중심선에서 1mm 정도 오른쪽)로 바늘을 넣습니다.

4 5로 바늘을 빼고

5 6(중심선에서 1mm 정도 왼쪽)으로 바늘을 넣습니다.

6 리본의 그러데이션 방향에 주의하면서 3~6을 반복하는데, 리본에 바늘을 넣어 고정하면서 수를 놓으면 예쁘게 완성됩니다.

7 수를 끝낼 때는 리본에 바늘을 넣습니다.

뒤쪽

8 뒤에서 리본을 마무리합니다.

피시본 스티치B
Fishbone stitch B

No.1540
-3.5mm

No.1540
-7mm

No.1541

No.1542

No.1545

No.1540-3.5mm

No.1546

No.1547

스티치는 실물크기
*완성 모습이 피시본 스티치A보다 도드라집니다.

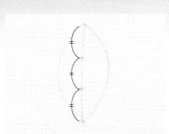

1 피시본 스티치Ⓐ처럼 잎 도안을 옮긴 다음 중앙선에 3등분 지점을 표시해둡니다.

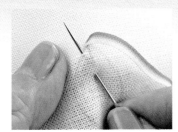

2 1에서 바늘을 빼서, 2(중앙선의 ⅓ 위치)로 넣고 3에서 뺍니다.

3 4(중심선에서 1mm 정도 오른쪽)로 바늘을 넣고, 옆으로 한 땀 떠서 5로 바늘을 뺍니다.

4 6으로 바늘을 넣고 7로 뺍니다.

5 4, 5로 바늘로 한 땀 뜨고 6, 7로 바늘을 뺍니다.

6 리본의 그러데이션 방향에 주의하면서, 리본을 당겨 정돈합니다.

7 수를 끝낼 때는 리본에 바늘을 넣습니다.

뒤쪽

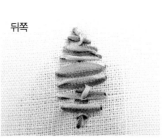

8 뒤에서 리본을 마무리합니다. 피시본 스티치Ⓐ보다 리본이 많이 겹치므로 도드라져 보입니다.

Chained Stitches
& Looped Stitches

체인 스티치와 루프 스티치

재료

자수 리본

(No.1540−3.5mm) col.035   col.095   col.163   col.175   col.357   col.364   col.366

(No.1540−7mm) col.163   col.034

(No.1541) col.015

(No.1542) col.4   col.14

스티치는 실물크기

체인 스티치와 루프 스티치

로제트 체인S
1541(015)

트위스티드
레이지데이지S
1540-3.5mm(357)

리프S
1540-3.5mm(163)

레이지데이지S
1542(4)

플라이S
1540-3.5mm(357)

크레탄S
1540-3.5mm
(035)

트위스티드 체인S
1540-3.5mm(364)

1540-3.5mm
(366)

레이지데이지S
1540-7mm(163)

1540-3.5mm
(163)

더블 플라이S
1541(015)

페더S
1542(14)

크레탄S
1540-3.5mm
(095)

바늘 끝에 리본을 걸어 수놓는 스티치로, 바늘에 리본을 거는 방향은
오른쪽이든 왼쪽이든 상관없습니다. 스티치에 따라 수놓아가는 방향 역시 상하좌우
어느 쪽부터든 시작할 수 있습니다. 예쁜 모양의 고리가 만들어지도록,
바늘을 잡지 않은 손으로 리본을 누르면서 수놓습니다.

레이지데이지S
1542(4)

1540-3.5mm
(163)

1540-3.5mm
(175)

1542(4)

1540-3.5mm
(163)

1540-3.5mm
(175)

1540-3.5mm
(163)

1540-3.5mm
(364)

1540-3.5mm
(364)

트위스티드
레이지데이지S

1540-3.5mm
(035)

1540-3.5mm
(035)

1540-7mm
(034)

트위스티드 체인S
1540-3.5mm(175)

1540-3.5mm
(035)

1542(4)

블랭킷S
1540-3.5mm
(357)

트위스티드 체인S
1540-3.5mm(366)

1540-3.5mm
(364)

리프S
1540-3.5mm
(175)

1540-7mm
(035)

1540-7mm
(163)

트위스티드
레이지데이지S
1542(14)

1540-3.5mm
(357)

★S는 스티치의 약자. ( ) 안은 색 번호

21

쿠션

마 바탕지에 트위스티드 체인 스티치로 격자무늬를 수놓고,
그 안에 세 종류의 꽃무늬를 배치하였습니다.
이번 장의 스티치는 바늘에 리본을 걸어 수놓습니다.

만드는 법 → 88쪽

3 블루

3 퍼플

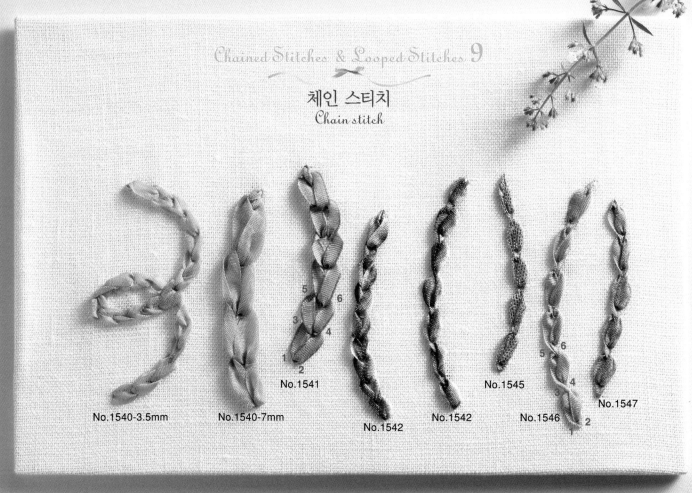

체인 스티치
Chain stitch

No.1540-3.5mm

No.1540-7mm

No.1541

No.1542

No.1542

No.1545

No.1546

No.1547

스티치는 실물크기

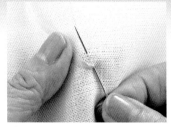

1 1에서 바늘을 빼서, 리본을 왼손으로 누르면서 2로 넣고 3으로 뺍니다.

2 천천히 당겨 고리를 만들고 3의 바로 옆, 4로 바늘을 넣습니다.

3 같은 요령으로 수를 놓습니다.

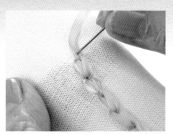

4 수를 끝낼 때는 3의 위치로 바늘을 빼서, 리본 위에서 바늘을 찔러 고정합니다.

리본 자수의 체인 스티치

1 1에서 바늘을 빼서 2로 넣어 3으로 빼고, 리본을 바늘에 걸어 천천히 당겨 고리를 만든 다음, 리본 위에서 4(3에서 3mm 정도 위)로 바늘을 넣습니다.

2 그대로 5로 바늘을 뺍니다.

3 같은 요령으로 수를 놓습니다.

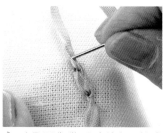

4 수를 끝낼 때는 3의 위치로 바늘을 빼서, 리본 위에서 바늘을 찔러 고정합니다.

24

트위스티드 체인 스티치
Twisted chain stitch

No.1540
-3.5mm

No.1540
-7mm

No.1545

No.1545

No.1542

4
3
2
1   No.1541

No.1546   No.1547

스티치는 실물크기

꽃을 수놓을 때

1 에서 바늘을 빼고, 리본을 왼손으로 누르면서 2(도안선)로 넣습니다.

2 3(도안선)에서 바늘을 뺍니다.

3 같은 요령으로 수를 놓고, 끝낼 때는 3의 위치로 바늘을 빼서 리본 위에서 바늘을 찔러 고정합니다.

1 먼저 꽃의 윤곽선 중심으로 바늘을 뺍니다.

2 처음에는 작게 트위스티드 체인 스티치를 수놓습니다.

3 3땀 정도로 한 바퀴를 수놓습니다.

4 바깥을 향해 빙글빙글 조금씩 바늘땀을 크게 해서 수놓습니다. 리본은 자연스럽게 꼬이는 대로 수놓습니다.

5 수를 끝낼 때는 리본의 안쪽, 눈에 띄지 않는 부분에 바늘을 찌릅니다.

로제트 체인 스티치
Rosette chain stitch

No.1540-3.5mm

No.1541

No.1542

No.1545

No.1546

No.1541

No.1541

스티치는 실물크기

1 둥글게 수놓는 경우 바깥 둘레와 안 둘레의 원에 분할 표시를 하는데, 반드시 짝수로 합니다.

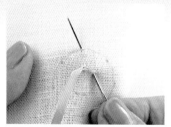

2 1에서 바늘을 빼서, 2로 넣고 3으로 뺍니다.

3 바늘의 오른쪽에서부터 리본을 겁니다.

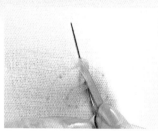

4 리본을 누르면서 바늘을 뺍니다.

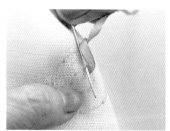

5 시작 부분의 리본을 떠서 바늘을 통과시킵니다.

6 리본을 끝까지 당깁니다. 그대로 바늘을 뒤로 넣으면 꽃봉오리 같은 스티치가 만들어집니다.

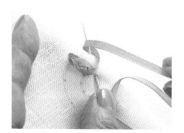

7 4에서 바늘을 넣고 5로 뺍니다.

8 한 바퀴를 수놓았으면, 1의 아래로 바늘을 넣습니다.

트위스티드 레이지데이지 스티치 & 시드 스티치
Twisted lazy daisy stitch & seed stitch

4
3
2
1
No.1540
-3.5mm

No.1540
-7mm

No.1541

No.1542

No.1545

No.1546

No.1547

4 3
1 2
No.1540
-3.5mm

No.1541

No.1542

No.1545

No.1546

No.1547

스티치는 실물크기

트위스티드 레이지데이지 스티치

1 1에서 바늘을 빼서, 리본을 왼손으로 누르면서 2(도안선)로 넣고, 3(도안선)에서 뺍니다.

2 수를 끝낼 때는 리본 위에서 4로 바늘을 찔러 고정합니다.

폭이 넓은 리본일 때

1 리본의 폭이 넓을 때도 같은 요령으로 수놓습니다.

2 수를 끝낼 때는 리본 위에서 4로 바늘을 찔러 고정합니다.

시드 스티치

1 1에서 바늘을 빼고, 리본을 왼손으로 누르면서 2(도안선)로 넣습니다.

2 리본을 당겨 고리를 조입니다.

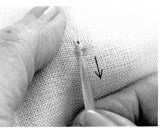

3 다시 리본을 아래로 당겨 고리를 조입니다.

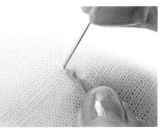

4 4로 바늘을 찔러 고정합니다.

레이지데이지 스티치
Lazy daisy stitch

No.1540
-3.5mm

No.1540
-7mm

No.1541

No.1542

No.1544

No.1548

No.1545

No.1546

No.1547

No.1547

No.1545

No.1541

No.1540
-3.5mm

No.1540
-7mm

No.1542

No.1546

No.4599
-7mm

스티치는 실물크기

1 1에서 바늘을 빼서, 리본을 왼손으로 누르면서 2로 넣고 3에서 바늘을 뺍니다.

2 리본을 바늘에 걸고 천천히 당겨서 고리를 만들고, 리본을 잡고 수직으로 흔들면서 고리를 조입니다.

3 고리를 정돈합니다.

4 4로 바늘을 찔러 고정합니다.

폭이 넓은 리본일 때

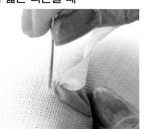

리본의 폭이 넓을 때도 같은 요령으로 수놓습니다.

고정 땀이 길 때

1 1에서 바늘을 빼서, 리본을 왼손으로 누르면서 2로 넣고 3에서 바늘을 뺍니다.

2 리본을 바늘에 걸고 천천히 당겨서 고리를 만들고, 리본을 잡고 수직으로 흔들면서 고리를 조인 다음, 모양을 정돈합니다.

3 리본 위에서 4로 바늘을 찔러 고정하면 안정됩니다.

플라이 스티치 & 더블 플라이 스티치
Fly stitch & Double fly stitch

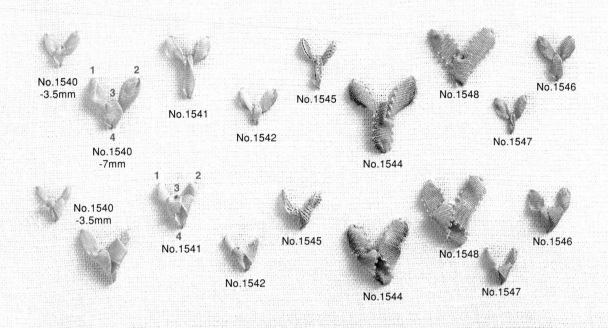

No.1540
-3.5mm

No.1540
-7mm

No.1541

No.1542

No.1545

No.1544

No.1548

No.1547

No.1546

스티치는 실물크기

플라이 스티치

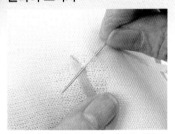   

1 1에서 바늘을 빼서, 리본을 왼손으로 누르면서 2로 넣고 3에서 바늘을 뺍니다.

2 천천히 리본을 당겨 모양을 정돈합니다.

3 리본 위에서 4로 바늘을 찔러 고정합니다.

4 짧게 고정할 때는 이런 느낌으로 고정합니다.

더블 플라이 스티치

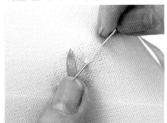 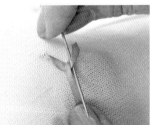 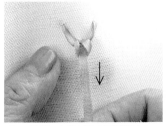 

1 1에서 바늘을 빼서, 리본을 왼손으로 누르면서 2로 넣고 3에서 바늘을 뺍니다.

2 천천히 리본을 당겨 모양을 정돈하고, 3의 옆 리본을 떠서 바늘을 통과시킵니다.

3 리본을 아래로 당겨 정돈합니다.

4 리본 위에서 4로 바늘을 찔러 고정합니다.

페더 스티치
Feather stitch

No.1540-3.5mm

No.1540
-7mm

No.1541

No.1542

No.1545

No.1546

No.1547

스티치는 실물크기

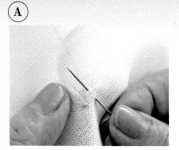

1 천의 위아래를 거꾸로 한 후 1(도안선)에서 바늘을 빼서, 리본을 왼손으로 누르면서 2(도안선의 오른쪽)로 넣고 3(도안선)에서 바늘을 뺍니다.

2 리본을 당기고, 4(도안선의 왼쪽)에서 바늘을 넣고 5(도안선)에서 뺍니다.

3 1, 2를 반복합니다.

4 수를 끝낼 때는 리본 위에서 바늘을 찔러 고정합니다.

1 1에서 바늘을 뺀 다음 바늘을 돌려 리본에 꼬임을 줍니다.

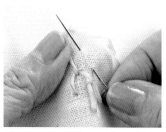

2 Ⓐ와 같은 요령으로 수놓습니다.

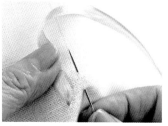

1 천의 위아래를 거꾸로 해서 시작합니다. 1(도안선)에서 바늘을 빼서, 리본을 왼손으로 누르면서 2(도안선의 오른쪽)로 넣고 3(도안선)에서 바늘을 뺍니다.

2 리본을 당기고, 4(도안선의 왼쪽)에서 바늘을 넣고 5(도안선)에서 뺍니다. 1, 2를 반복합니다.

블랭킷 스티치
Blanket stitch

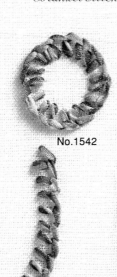

No.1542

4
3 2

No.1540-3.5mm　　　No.1541　　　　　　　　No.1545　　　No.1546　　　No.1547

스티치는 실물크기

1 1에서 바늘을 빼서, 리본을 왼손으로 누르면서 2로 넣고 3에서 바늘을 뺍니다.

2 리본을 바늘에 걸고 천천히 당겨 모양을 정돈하면서 2, 3을 반복합니다.

3 수를 끝낼 때는 천에 바늘을 넣습니다.

스티치의 방향을 바꿀 때

4 방향을 바꾸려는 위치까지 같은 요령으로 수를 놓습니다.

2 천의 위아래를 거꾸로 한 다음, 리본을 왼손으로 누르면서 도안선을 기준으로 반대쪽에서 바늘을 넣습니다.

3 그대로 이어서 수놓습니다(어느 쪽에서도 수놓을 수 있습니다).

첫 땀과 연결할 때

1 원의 경우 한 바퀴를 수놓은 다음, 시작 부분의 리본을 떠서 바늘을 통과시킵니다.

2 천에 바늘을 넣어 연결합니다.

31

리프 스티치
Leaf stitch

No.1540
-3.5mm

No.1540
-7mm

No.1541

No.1542

No.1546

No.1547

No.1544

No.1548

No.1545

No.1547

스티치는 실물크기

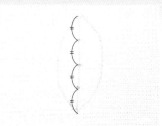

1 잎 도안을 옮긴 다음, 수놓는 각도
의 기준으로 삼기 위해 중앙선에
4등분 지점을 표시해둡니다.

2 1에서 바늘을 빼서, 2로 넣고 3에
서 바늘을 뺍니다.

3 4에서 바늘을 넣고, 5(2의 바로 아
래)로 뺍니다.

4 바늘에 건 리본을 천천히 당깁니다.

5 리본을 잡고 수직으로 흔들면서 모
양을 정돈합니다.

6 6에 바늘을 넣고, 3으로 바늘을
뺍니다.

7 3~6을 반복합니다.

8 수를 끝낼 때는 리본 위에서 바늘
을 찔러 고정합니다.

크레탄 스티치
Cretan stitch

Ⓐ

2 1 4
3 5

No.1540
-3.5mm

Ⓑ No.1540
-3.5mm

Ⓒ No.1540
-3.5mm

No.1541

No.1542

No.1547

스티치는 실물크기

Ⓐ

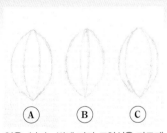

Ⓐ Ⓑ Ⓒ

잎을 수놓는 법에 따라 도안선을 다르게
그립니다.

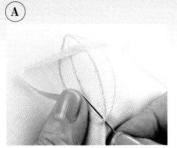

Ⓑ

1 천의 위아래를 거꾸로 해서 시작합
니다. **1**에서 바늘을 빼서, **2**로 넣
고 **3**(도안선보다 안쪽 1mm)에서
바늘을 뺍니다.

Ⓒ

2 **4**에서 바늘을 넣고 **5**(도안선보다
안쪽 1mm)로 뺍니다.

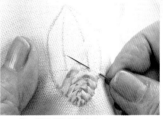

3 **2~5**를 반복합니다.

4 천의 위아래를 되돌리고, 수를 끝낼
때는 리본 위에서 바늘을 찔러 고
정합니다.

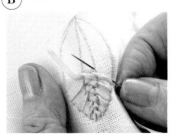

Ⓐ와 같은 요령으로 수놓지만, 바늘로
뜨는 분량이 많아 중심의 겹치는 부분이
적습니다.

Ⓐ와 같은 요령으로 수놓지만, 바늘로
뜨는 분량이 적어 중심의 겹치는 부분이
많습니다.

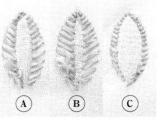

Ⓐ Ⓑ Ⓒ

뒷면의 리본이 지나는 모습은 이렇게 다
릅니다.

33

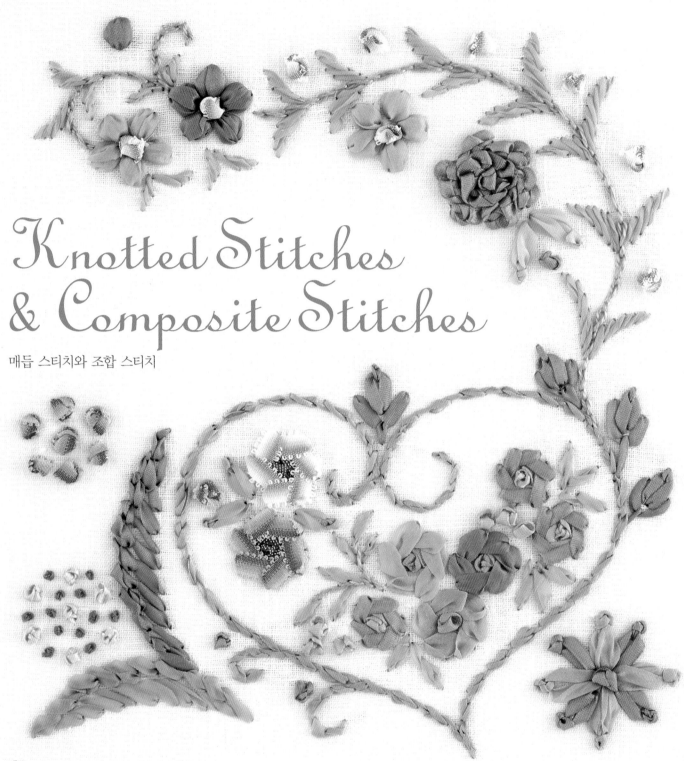

Knotted Stitches
& Composite Stitches

매듭 스티치와 조합 스티치

재료

자수 리본

(No.1540-3.5mm) col.095   col.357   col.364

(No.1540-7mm) col.034   col.035   col.163   col.356

(No.1541) col.015   col.102   col.143   col.429

(No.1544) col.3   col.5

(No.1545) col.4   (No.1546) col.17   (No.1547-4mm) col.33

DMC 5번 자수실   col.3053

스티치는 실물크기

매듭 스티치와 조합 스티치

매듭 스티치는 평평한 스티치에 비해 도드라지기 때문에,
꽃심을 표현하거나 독특한 느낌을 내고 싶을 때 활용하기 좋습니다.
조합 스티치는 2~3종류의 스티치를 조합함으로써 더 입체적이고, 화려해집니다.
간단한 스티치의 조합이니 꼭 한번 도전해 보세요.

레이즈드 새틴S
1540-7mm(035)

트위스티드 체인S
DMC⑤(3053)

콜로니얼 노트S

새틴S

1540-7mm
(035)

1544(5)

레이즈드 새틴S
1540-7mm(034)

1540-7mm
(034)

스트레이트 로즈S⑧

1541
(143)

1541
(015)

1540-3.5mm
(357)

레이지데이지 노트S
1540-7mm(356)

1541
(143)

레이지데이지S

플라이S

콜로니얼 노트S
1544(3)

콜로니얼 노트S
1544(3)

1540-3.5mm
(364)

1544(5)

1545(4)

1541(143)

1546(17)

1541(015)
스트레이트 로즈S⒜

1541
(102)

1546
(17)

1540-7mm
(034)

트위스티드
레이지데이지S
1540-3.5mm(357)

프렌치 노트S
1540-3.5mm(095)

1544(3)

1541
(015)

1540-7mm
(035)

레이지데이지 노트S

1541
(429)

1541
(102)

1541
(015)

블랭킷 레이지데이지S

1541
(143)

1540-3.5mm(364)

1540-7mm
(163)

1541
(143)

트위스티드 체인S
1547-4mm(33)

1540-7mm
(163)

1540-7mm
(163)

★S는 스티치의 약자. ( ) 안은 색 번호

주머니 2종

콜로니얼 노트 스티치, 프렌치 노트 스티치 등의 매듭 스티치는
꽃의 중심뿐만 아니라 꽃봉오리 같은 작은 꽃을 표현하기도 하고,
여러 개의 매듭 스티치로 꽃을 표현할 수도 있는
귀여운 스티치입니다.

만드는 법 → 90쪽

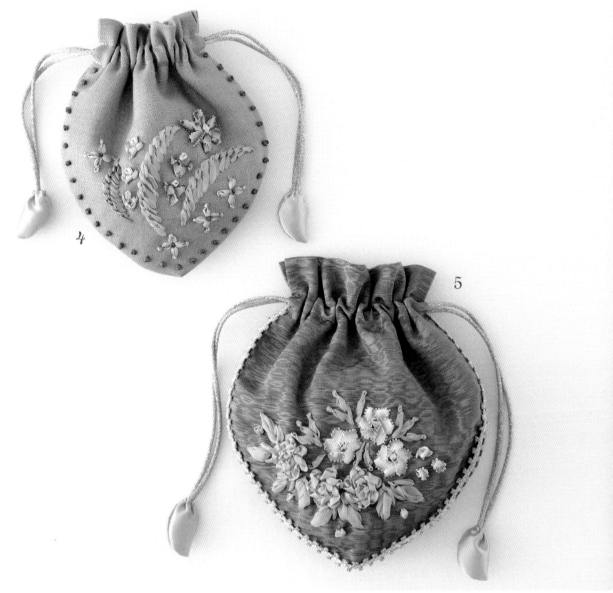

파우치

잎 부분에 사용한 레이지데이지 노트 스티치Ⓑ는
트위스티드 레이지데이지 스티치의 끝에
프렌치 노트 스티치를 조합한 것입니다.
그리고 꽃에 사용한 스트레이트 로즈 스티치Ⓑ는
스트레이트 로즈 스티치Ⓐ와 블랭킷 스티치를 조합했습니다.
각각의 스티치를 조합하니 더욱 생생한 모습이 되었습니다.

만드는 법 → 92쪽

6

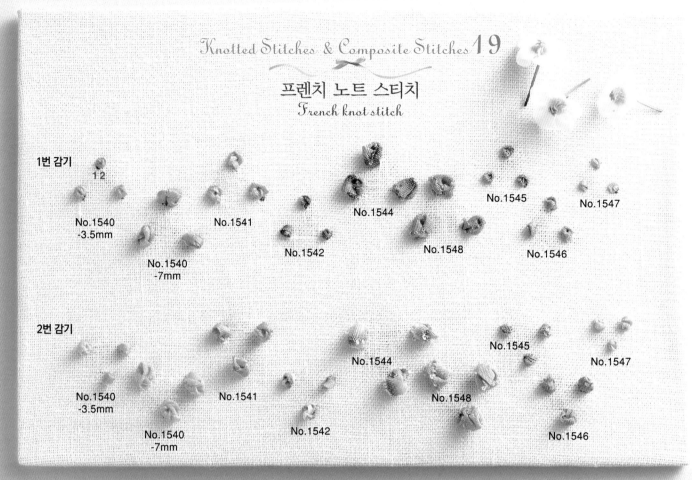

Knotted Stitches & Composite Stitches **19**

프렌치 노트 스티치
French knot stitch

1번 감기

1 2

No.1540
-3.5mm

No.1540
-7mm

No.1541

No.1542

No.1544

No.1548

No.1545

No.1546

No.1547

2번 감기

No.1540
-3.5mm

No.1540
-7mm

No.1541

No.1542

No.1544

No.1548

No.1545

No.1546

No.1547

스티치는 실물크기

1번 감기

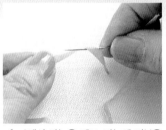

1 1에서 바늘을 빼고, 바늘에 리본을 1번 감습니다.

2 바로 옆의 2로 바늘을 넣습니다.

3 바늘을 수직으로 세우고 리본을 당겨 모양을 정돈합니다.

4 모양이 흐트러지지 않게 리본을 누르고, 바늘을 뺍니다.

2번 감기

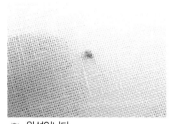

5 완성입니다.

1 1에서 바늘을 빼고, 바늘에 리본을 2번 감습니다.

2 그대로 바늘을 천에 찔러 수직으로 세우고, 리본을 당겨 모양을 정돈합니다.

3 모양이 흐트러지지 않게 주의하여 바늘을 빼면, 완성입니다.

38

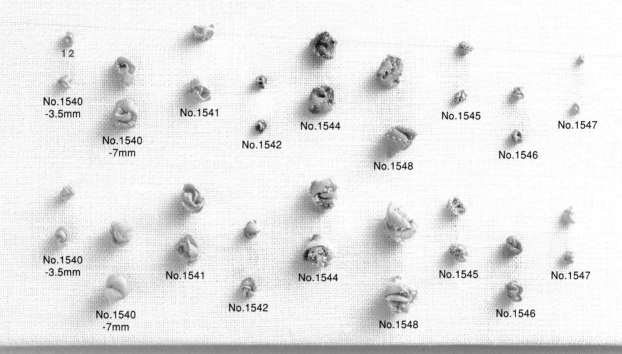

Knotted Stitches & Composite Stitches 20

콜로니얼 노트 스티치
Colonial knot stitch

스티치는 실물크기

1 1에서 바늘을 빼서 리본을 왼손으로 잡고, 오른손으로 리본 위에 바늘을 댑니다.

2 화살표와 같이 리본을 감습니다.

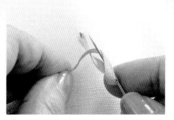

3 2로 바늘을 넣습니다(리본이 바늘 위에서 8자 모양이 됩니다).

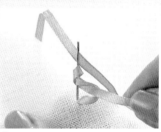

4 바늘을 수직으로 세우고 리본을 당깁니다.

빳빳한 리본일 때

5 모양을 정돈합니다.

6 모양이 흐트러지지 않게 주의하여 바늘을 뺍니다.

7 완성입니다.

같은 요령으로 수놓습니다. 느슨하게 바늘을 뺍니다.

스트레이트 로즈 스티치A
Straight rose stitch A

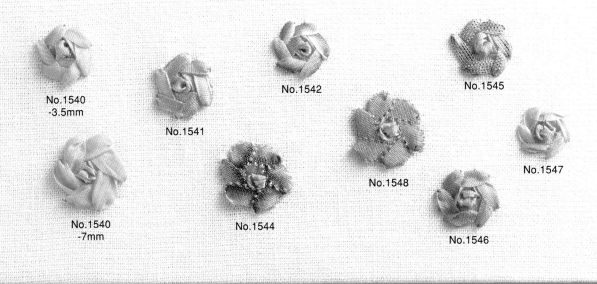

No.1540
-3.5mm

No.1541

No.1542

No.1545

No.1540
-7mm

No.1544

No.1548

No.1547

No.1546

스티치는 실물크기

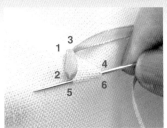

1 1에서 바늘을 빼서, 2로 넣어 3으로 뺀 다음 바늘을 4에서 넣고 5로 뺍니다.

2 6으로 바늘을 넣고, 삼각형의 중심에서 바늘을 뺍니다.

3 프렌치 노트 스티치 1번 감기(→38쪽)를 수놓습니다.

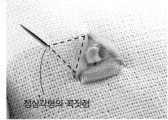

정삼각형의 꼭짓점

4 뒤에서 리본 끝을 마무리합니다. 새리본을 바늘에 꿰어, 정삼각형의 꼭짓점 위치로 뺍니다.

5 첫 번째 땀은 리본의 중심으로 바늘을 찔러, 한 땀의 절반보다 조금 짧게 뜹니다.

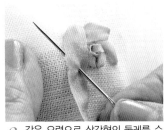

6 같은 요령으로 삼각형의 둘레를 수놓아 갑니다.

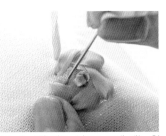

7 6~7땀 정도 수놓고, 끝낼 때는 첫땀의 안쪽으로 바늘을 찌릅니다.

8 리본의 꼬임을 풀면서 천천히 당깁니다.

스트레이트 로즈 스티치B
Straight rose stitch B

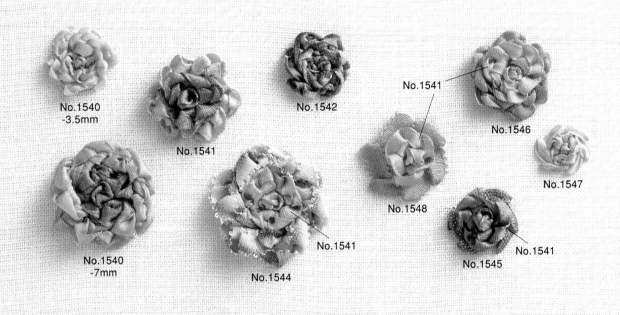

No.1540
-3.5mm

No.1541

No.1542

No.1541

No.1546

No.1548

No.1547

No.1540
-7mm

No.1541

No.1544

No.1545

No.1541

스티치는 실물크기

1 스트레이트 로즈 스티치Ⓐ (→40쪽)의 1~3처럼 수놓습니다. 리본을 바꾸어 시작 위치에서 바늘을 빼고, 수놓은 리본에 통과시켜 묶습니다.

2 한 변에 2개씩 블랭킷 스티치처럼 엮습니다.

3 그대로 이어서, 수놓은 다음 리본으로 넘어갑니다.

4 수를 끝낼 때는 시작 부분의 리본 위치로 바늘을 넣습니다.

정삼각형의 꼭짓점

5 새 리본을 바늘에 꿰어, 정삼각형의 꼭짓점 위치로 뺍니다.

6 스트레이트 로즈 스티치Ⓐ (→40쪽)의 4~8처럼 수놓습니다.

7 더 크게 만들 때는 시작 위치에서 바늘을 뺍니다.

8 수놓은 리본에 통과시켜 블랭킷 스티치처럼 엮습니다.

9 한 변에 3개씩 통과시켜 천에 바늘을 넣고, 다시 빼서 엮기를 반복합니다.

10 수를 끝낼 때는 시작 부분의 리본 위치로 바늘을 넣습니다.

레이지데이지 노트 스티치
Lazy daisy knot stitch

No.1540
-3.5mm

No.1540
-7mm

Ⓐ No.1541

No.1544

No.1548

No.1545

No.1547

No.1542

No.1546

Ⓑ

스티치는 실물크기

Ⓐ

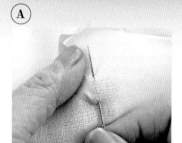

1 1에서 바늘을 빼고, 리본을 왼손으로 누르면서 2(1의 오른쪽)로 넣고 3에서 바늘을 뺍니다.

2 리본을 바늘에 걸고 천천히 당겨 고리를 만들고, 리본을 잡고 수직으로 흔들면서 고리를 조입니다.

3 바늘에 리본을 걸어, 프렌치 노트 스티치 1번 감기(→38쪽)를 합니다.

4 4로 바늘을 찔러 고정합니다.

Ⓑ

1 1에서 바늘을 빼고, 리본을 왼손으로 누르면서 2로 넣고 3에서 바늘을 뺍니다.

2 리본을 바늘에 걸고 천천히 당겨 고리를 만들고, 리본을 잡고 수직으로 흔들면서 고리를 조입니다.

3 바늘에 리본을 걸어, 프렌치 노트 스티치 1번 감기(→38쪽)를 합니다.

4 4로 바늘을 찔러 고정합니다.

블랭킷 레이지데이지 스티치
Blanket lazy daisy stitch

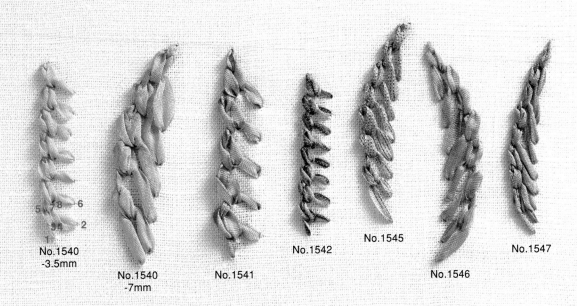

No.1540
-3.5mm

No.1540
-7mm

No.1541

No.1542

No.1545

No.1546

No.1547

스티치는 실물크기

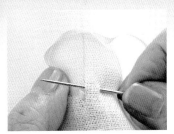

1 1에서 바늘을 빼고, 리본을 왼손으로 누르면서 2로 넣고 3에서 바늘을 뺍니다.

2 리본을 바늘에 걸고 천천히 당겨 모양을 정돈합니다.

3 4에서 바늘을 넣고 5로 뺍니다.

4 리본을 바늘에 걸고 천천히 당겨 고리를 만듭니다.

5 리본을 잡고 수직으로 흔들면서 고리를 조입니다.

6 6에서 바늘을 넣고 7로 뺍니다.

7 3~6을 반복합니다.

8 수를 끝낼 때는 리본 위에서 바늘을 찔러 고정합니다.

레이즈드 새틴 스티치
Raised satin stitch

3 1
4 2

No.1540
-3.5mm

No.1540
-7mm

No.1542

No.1545

No.1546

No.1547

No.1540
-3.5mm

No.1540
-7mm

No.1546

No.1547

스티치는 실물크기

1 먼저 도안의 중심에 프렌치 노트 스티치 1번 감기(→38쪽)를 합니다. 도안선 위치에서 바늘을 뺍니다.

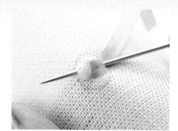

2 리본에 바늘을 넣어 고정하면서 가로 방향으로, 중심에서부터 절반을 수놓습니다.

3 남은 절반도 수놓습니다. 여기까지는 밑바탕이므로 리본의 꼬임은 신경 쓰지 않고 수놓습니다.

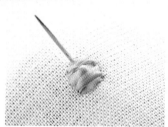

4 세로 방향을 수놓습니다. 1에서 바늘을 뺍니다.

5 2로 바늘을 넣습니다.

6 왼쪽 엄지손가락을 사용하여 리본을 정돈하면서 가만히 당깁니다.

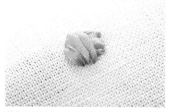

7 왼쪽을 수놓았으면, 오른쪽도 똑같이 수놓습니다.

8 수를 끝낼 때는 천으로 바늘을 넣습니다.

레이지데이지 플라이 스티치
Lazy daisy fly stitch

No.1540
-3.5mm

No.1540
-7mm

No.1541

No.1541

No.1540
-3.5mm

No.1544

No.1541

No.1541

No.1548

No.1545

No.1546

No.1547

스티치는 실물크기

1 레이지데이지 스티치(→28쪽)를 수놓습니다.

2 5에서 바늘을 뺍니다.

3 6으로 바늘을 넣고 7에서 뺍니다.

4 리본을 아래로 당기면서 모양을 정돈합니다.

꽃으로 만들 때

5 수를 끝낼 때는 리본 위에서 바늘을 찔러 고정합니다.

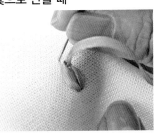

1 핑크 리본으로 레이지데이지 스티치(→28쪽)를 수놓습니다.

2 그린 리본으로 바꾸어, 5에서 바늘을 빼서 6으로 넣고, 7에서 바늘을 뺍니다.

3 수를 끝낼 때는 리본 위에서 바늘을 찔러 고정합니다.

Detached Stitches

천에서 띄운 스티치

재료

자수 리본
(No.1540-3.5mm) col.35　col.095　col.356　col.364　col.374
(No.1540-7mm) col.035　col.163
(No.1541) col.063　col.102　col.419　col.429　col.465　(No.1542) col.2　col.4
(No.1544) col.3　col.5　(No.1545) col.3　(No.1546) col.5
DMC 5번 자수실 col.225　col.543　col.3053

스티치는 실물크기

천에서 띄운 스티치

위빙S®
1541(429)

위빙S®
1544(5)

중심
1545(3)

1546(5)

스파이더 웹 로즈S
1540-7mm
(035)

1540-3.5mm
(095)

1544(3)

1540-3.5mm
(035)

1540-7mm
(163)

1541(102)

1542(2)

1544(3)

1541(063)

중심
1542(2)

1542(4)

토대의 심지실
DMC⑤
(225 공통)

1542(4)

1541(102)

1544(5)

1541(429)

1542(2)

천에 토대가 되는 스티치를 수놓고, 거기에 리본을 통과시키거나 휘감거나 엮거나 하여 수를
놓습니다. 토대 스티치 이외에는 천에서 떠 있으므로, 상당히 부피감이 있는 입체적인 스티치
가 만들어집니다. 자주 세탁하는 작품에는 적합하지 않으므로, 장식품에 사용하면 좋습니다.

웹 페더S
1541(419)

토대의 심지실
DMC⑤(543)

토대의
심지실
DMC⑤
(543)

웹S
1542(4)

위빙S®

1546(5)

1542(2)

1542(4)

1541(102)

1544(3)

웹 페더S
1541(465)

1542(2)

1546(5)

1540-3.5mm
(374)

1540-3.5mm
(356)

오픈 버튼홀 필링

아웃라인S
DMC⑤(3053)

오픈 버튼홀S
1540-3.5mm(356)

1540-3.5mm
(364)

★ S는 스티치의 약자.
( ) 안은 색 번호

미니 액자

스파이더 웹 로즈 스티치는 크게 했다가 작게도 할 수 있어, 꽃 미니 액자에 꼭 맞는 화려한 스티치입니다.

만드는 법 → 96쪽

7

10

8

11

9

12

13

16

14

17

15

18

Detached Stitches 27

스파이더 웹 로즈 스티치
Spider web rose stitch

No.1540
-3.5mm
7mm
No.1541
No.1542
No.1544
No.1545
No.1547
No.1548
No.1547
No.1546
No.1543-7mm
No.1541
No.1544
No.1545
No.1547
No.1542
No.1548
No.1546

스티치는 실물크기

3가닥일 때

1 5번 자수실로 토대가 되는 스티치를 놓습니다. 한 땀을 작게 뜬 다음, 바깥쪽에서 중심으로 스트레이트 스티치를 놓고, 수를 끝낼 때도 한 땀을 작게 뜬 후 뒤에서 실 정리를 합니다.

2 끝이 둥근 바늘에 리본을 꿰고, 자수실 옆에서 뺍니다.

3 시계 방향으로, 자수실의 위, 아래로 바늘을 통과시킵니다.

4 두 바퀴째도 같은 요령으로 수놓습니다.

5가닥일 때

7가닥일 때

5 바깥쪽은 가볍게 리본을 꼬면서 수를 놓으면 봉긋한 장미가 만들어집니다.

6 자수실이 보이지 않을 때까지 수를 놓고, 끝낼 때는 안쪽으로 바늘을 넣습니다.

웹 스티치
Web stitch

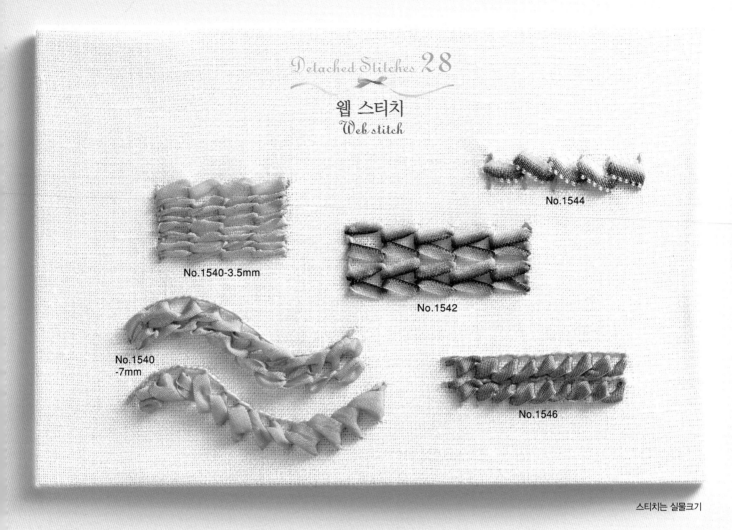

No.1544

No.1540-3.5mm

No.1542

No.1540
-7mm

No.1546

스티치는 실물크기

토대 스티치

아우트라인 스티치

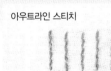

블랭킷 스티치

1 5번 자수실로 토대가 되는 스티치를 놓습니다. 끝이 둥근 바늘에 리본을 꿰어 자수실 옆에서 빼고, 옆줄의 자수실 스티치로 통과시킵니다.

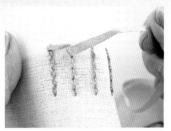

2 리본을 천천히 당겨 정돈하고, 왼쪽에서 오른쪽으로 통과시켜 나갑니다.

3 첫 번째 줄의 자수를 끝낼 때는 스티치 줄의 끝으로 바늘을 넣습니다.

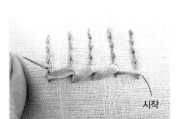

시작

4 천의 위아래를 거꾸로 하여, 3의 바로 위에서 바늘을 빼서 두 번째 줄을 수놓습니다.

5 왕복으로 수놓고, 끝낼 때는 리본 위에서 바늘을 찔러 고정합니다.

1 먼저 5번 자수실로 토대가 되는 스티치를 놓습니다. 끝이 둥근 바늘에 리본을 꿰어 자수실 옆에서 빼고, 옆줄의 자수실 스티치로 통과시킵니다.

2 리본을 천천히 당겨 정돈하고, 왼쪽에서 오른쪽으로 통과시켜 나갑니다. 수를 끝낼 때는 리본 위에서 바늘을 찔러 고정합니다.

위빙 스티치A (시계 방향)
Weaving stitch A

No.1540
-3.5mm

No.1541

No.1542

No.1544

No.1545

No.1546

No.1540
-3.5mm

No.1541

No.1542

No.1544

No.1548

No.1546

No.1542

No.1545

스티치는 실물크기

6가닥일 때

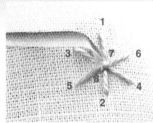

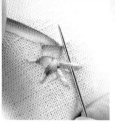

1 먼저 5번 자수실로 토대가 되는 스티치를 놓습니다. 수를 시작할 때는 한 땀을 작게 뜬 다음, 1~6까지 스트레이트 스티치를 놓고, 7, 8로 교차점을 고정합니다. 끝이 둥근 바늘에 리본을 꿰어 자수실 옆에서 뺍니다.

2 시계 방향으로, 자수실 밑으로 바늘을 통과시킵니다.

3 리본을 정돈하면서 진행합니다.

4 자수실이 보이지 않을 때까지 수놓고, 시작 부분의 리본으로 바늘을 통과시킵니다.

5 리본 안쪽의 눈에 띄지 않는 부분으로 바늘을 넣습니다.

4가닥일 때

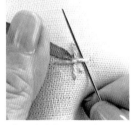

8가닥일 때

1 6가닥일 때와 같은 요령으로 시작합니다.

2 시계 방향으로, 자수실 밑으로 바늘을 통과시킵니다.

3 리본을 정돈하면서 진행합니다.

4 자수실이 보이지 않을 때까지 수놓고, 시작 부분의 리본으로 바늘을 통과시킵니다.

6가닥일 때와 같은 요령으로 시작합니다.

위빙 스티치B (반시계 방향)
Weaving stitch B

No.1540
-3.5mm

No.1541

No.1542

No.1544

No.1545

No.1546

No.1540
-3.5mm

No.1541

No.1542

No.1544

No.1548

No.1546

No.1545

스티치는 실물크기

6가닥일 때

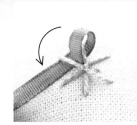

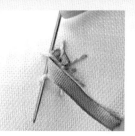

1 위빙 스티치Ⓐ(→52쪽)와 같은 요령으로 시작합니다.

2 반시계 방향으로, 자수실 밑으로 바늘을 통과시킵니다.

3 리본을 정돈하면서 진행합니다.

4 자수실이 보이지 않을 때까지 수놓고, 시작 부분의 리본으로 바늘을 통과시킵니다.

5 리본 안쪽의 눈에 띄지 않는 부분으로 바늘을 넣습니다.

4가닥일 때

1 6가닥일 때와 같은 요령으로 시작합니다.

2 반시계 방향으로, 자수실 밑으로 바늘을 통과시킵니다.

3 리본을 정돈하면서 진행하며, 자수실이 안 보일 때까지 수놓고, 시작 부분의 리본으로 바늘을 통과시킵니다.

8가닥일 때

1 6가닥일 때와 같은 요령으로 시작합니다.

2 반시계 방향으로, 자수실 밑으로 바늘을 통과시킵니다.

53

웹 페더 스티치
Web feather stitch

1번씩 넣기

2번씩 넣기

No.1540
-3.5mm

No.1541

No.1541

No.1542

No.1546

No.1547

스티치는 실물크기

1번씩 넣기

1 5번 자수실로 토대가 되는 스티치를 놓습니다. 수를 시작할 때는 한 땀을 작게 뜬 다음, 스트레이트 스티치를 나란히 수놓습니다. 끝이 둥근 바늘에 리본을 꿰어 스티치 옆에서 빼고, 밑으로 바늘을 통과시킵니다.

2 왼쪽에서부터 바늘에 리본을 걸고, 당깁니다.

3 모양을 정돈합니다. 토대 실 위에서 페더 스티치(→30쪽)를 놓는 요령입니다.

4 두 번째 스티치 밑으로 바늘을 통과시키고, 리본을 오른쪽에서부터 건 다음 당깁니다.

2번씩 넣기

5 리본을 좌우로 번갈아 걸면서 수놓고, 끝낼 때는 리본 위에서 바늘을 찔러 고정합니다.

1 1번씩 넣기와 같은 요령으로 수놓고, 스티치 왼쪽에서부터 리본을 걸고 당깁니다.

2 다시 한 번 같은 스티치에 바늘을 통과시킨 다음, 리본을 오른쪽에서부터 걸고 당깁니다.

3 두 번째 스티치 밑으로 바늘을 통과시키고, 리본을 좌우 번갈아 건 다음 당깁니다. 그대로 계속 진행합니다.

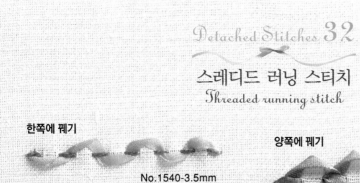

Detached Stitches 32
스레디드 러닝 스티치
Threaded running stitch

한쪽에 꿰기

No.1540-3.5mm

양쪽에 꿰기

No.1541

No.1546

No.1545

No.1540-7mm

No.1544

스티치는 실물크기

한쪽에 꿰기

1 먼저 5번 자수실로 토대가 되는 스티치를 놓습니다. 러닝 스티치를 수놓고 뒤에서 실 정리를 합니다. 끝이 둥근 바늘에 리본을 꿰어, 스티치의 위에서 뺍니다.

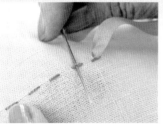

2 스티치의 위에서 아래로 리본을 통과시킵니다.

3 리본을 천천히 당겨 정돈합니다.

4 스티치의 아래에서 위로 리본을 통과시킵니다.

5 수를 끝낼 때는 리본 위에서 바늘을 찔러 고정합니다.

양쪽에 꿰기

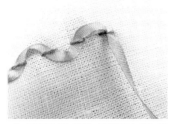

1 한쪽을 꿴 다음, 아래에서 바늘을 뺍니다.

2 스티치의 아래에서 위로 리본을 통과시킵니다.

3 스티치의 위에서 아래로 리본을 통과시킵니다. 처음에 수놓은 부분과 균형을 맞추면서 모양을 정돈하여 수놓습니다.

55

Detached Stitches 33

오픈 버튼홀 스티치
Open buttonhole stitch

같은 방향으로 수놓을 때

도중에 방향을 바꿀 때

No.1540 -3.5mm

No.1541

No.1546

No.1547

No.1542

No.1546

No.1545

스티치는 실물크기

같은 방향으로 수놓을 때

1 아우트라인 스티치를 수놓고 뒤에서 실 정리를 합니다. 끝이 둥근 바늘에 리본을 꿰어 스티치 옆에서 빼고, 아래에서부터 바늘을 통과시킵니다.

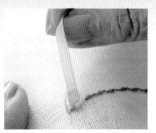

2 바늘에 리본을 걸고 천천히 당겨, 모양을 정돈합니다.

3 계속 통과시킵니다.

4 수를 끝낼 때는 리본 위에서 바늘을 찔러 고정합니다.

도중에 방향을 바꿀 때

1 먼저 5번 자수실로 토대가 되는 스티치를 놓습니다. 체인 스티치를 수놓고 뒤에서 실 정리를 합니다. 끝이 둥근 바늘에 리본을 꿰어, 체인의 중앙에서 뺍니다.

2 체인 실 1가닥에 아래에서부터 바늘을 통과시켜 리본을 걸고, 천천히 당겨 모양을 정돈합니다.

3 방향을 바꿀 때는 반대쪽의 체인 실 1가닥에 위에서부터 바늘을 통과시켜 같은 요령으로 뀁니다.

4 수를 끝낼 때는 리본 위에서 바늘을 찔러 고정합니다.

Detached Stitches **34**

오픈 버튼홀 필링
Open buttonhole filling

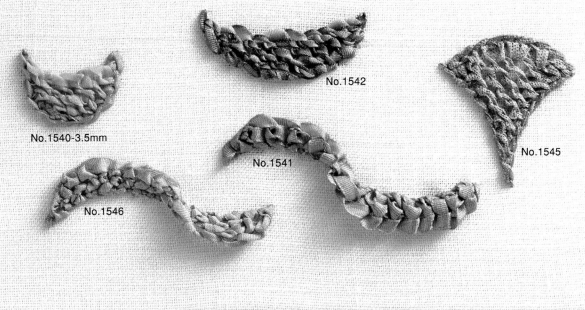

No.1540-3.5mm

No.1542

No.1545

No.1541

No.1546

스티치는 실물크기

직선

1 리본으로 체인 스티치(→24쪽)를 수놓습니다. 끝이 둥근 바늘에 리본을 꿰어, 체인 실 1가닥에 위에서부터 바늘을 통과시킵니다.

2 바늘에 리본을 걸고 천천히 당겨, 모양을 정돈합니다.

3 첫 번째 줄이 끝났으면, 체인 안으로 바늘을 넣습니다.

4 두 번째 줄은, 우선 자수 시작 체인의 옆 체인에서 바늘을 뺍니다. 첫 번째 줄 버튼홀 스티치에 걸려 있는 고리에 바늘을 통과시켜 리본을 걸고, 당겨 뺍니다.

곡선

5 같은 요령으로 수놓고, 두 번째 줄을 끝낼 때도 체인 안으로 바늘을 넣습니다.

6 다섯 번째 줄이 끝난 모습입니다.

1 끝이 둥근 바늘에 리본을 꿰어, 첫 번째 줄에 버튼홀 스티치를 수놓습니다. 다음은 자수 시작 위치의 약간 위로 바늘을 빼고, 걸려 있는 고리에 바늘을 통과시켜 버튼홀 스티치를 합니다.

2 도중에 방향이 바뀌는 경우는 첫 번째 줄에 맞추어, 바늘을 통과시키는 방향을 바꾸어 꿰니다.

Flower Stitches

플라워 스티치

재료

자수 리본

(No.1540−3.5mm) col.356　col.364　col.374　(No.1540−7mm) col.034　col.035　col.163　col.356　col.374

(No.1541) col.465　col.102　col.063　(No.1542) col.2　col.4　(No.1543−7mm) col.7

(No.1544) col.14　col.3　col.5　(No.1545) col.4　(No.1546) col.17

(No.4563−15mm) col.16　col.17　col.18

(No.4599−7mm) col.9　(No.4681−15mm) col.33　DMC 25번 자수실 col.3053

스티치는 실물크기

플라워 스티치

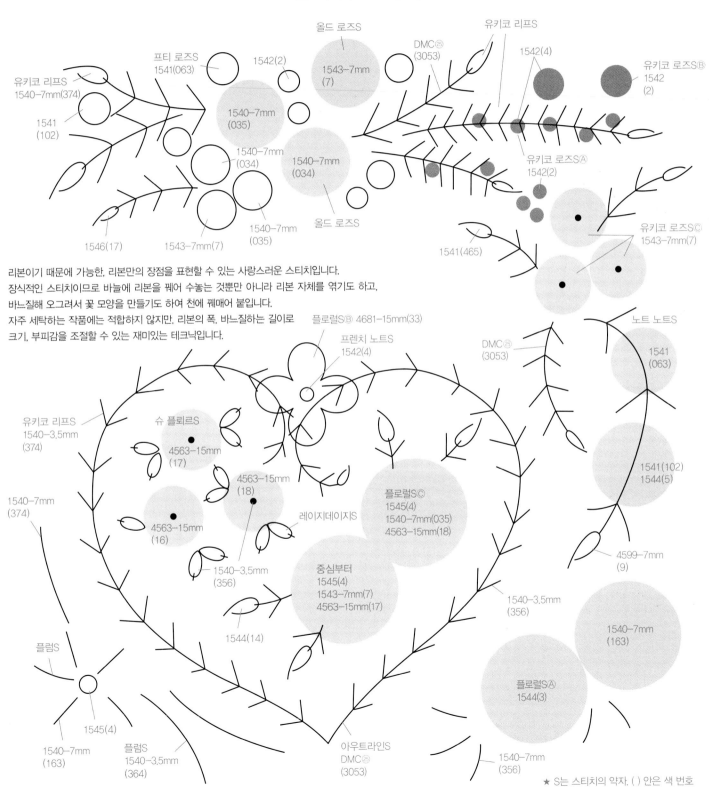

올드 로즈S

프티 로즈S
1541(063)

1542(2)

DMC㉕
(3053)

유키코 리프S
1542(4)

유키코 리프S
1540-7mm(374)

1543-7mm
(7)

유키코 로즈S®
1542
(2)

1541
(102)

1540-7mm
(035)

유키코 로즈S®
1542(2)

1540-7mm
(034)

1540-7mm
(034)

유키코 로즈S©
1543-7mm(7)

1546(17)

1543-7mm(7)

1540-7mm
(035)

올드 로즈S

1541(465)

리본이기 때문에 가능한, 리본만의 장점을 표현할 수 있는 사랑스러운 스티치입니다.
장식적인 스티치이므로 바늘에 리본을 꿰어 수놓는 것뿐만 아니라 리본 자체를 엮기도 하고,
바느질해 오그려서 꽃 모양을 만들기도 하여 천에 꿰매어 붙입니다.
자주 세탁하는 작품에는 적합하지 않지만, 리본의 폭, 바느질하는 길이로
크기, 부피감을 조절할 수 있는 재미있는 테크닉입니다.

플로럴S® 4681-15mm(33)

프렌치 노트S
1542(4)

노트 노트S

1541
(063)

DMC㉕
(3053)

유키코 리프S
1540-3.5mm
(374)

슈 플뢰르S
4563-15mm
(17)

4563-15mm
(18)

플로럴S©
1545(4)
1540-7mm(035)
4563-15mm(18)

1541(102)
1544(5)

1540-7mm
(374)

4563-15mm
(16)

레이지데이지S

1540-7mm
(374)

1540-3.5mm
(356)

중심부터
1545(4)
1543-7mm(7)
4563-15mm(17)

4599-7mm
(9)

1544(14)

1540-3.5mm
(356)

1540-7mm
(163)

플럼S

1545(4)

플로럴S®
1544(3)

1540-7mm
(163)

플럼S
1540-3.5mm
(364)

아웃라인S
DMC㉕
(3053)

1540-7mm
(356)

★ S는 스티치의 약자. ( ) 안은 색 번호

타원형 상자

연한 민트 그린의 모아레 광폭 리본에, 플로럴 스티치와 유키코 로즈 스티치가 돋보이는 작은 상자입니다.
본체는 타원형의 빈 상자를 이용하고, 뚜껑 부분은 두꺼운 종이를 대어 만들었습니다.

만드는 법 → 93쪽

19

상자 뚜껑 2종

과자 상자를 이용하여, 뚜껑 부분만 리본 자수로 꾸며보았습니다.
플로럴 스티치C로 중심에서부터 세 종류의 리본을 사용하였습니다.
바깥쪽에 오건디 리본을 배치하니, 폭신폭신 부드러운 인상을 줍니다.

만드는 법 → 94쪽

24

20

Flower Stitches 35

유키코 리프 스티치
Yukiko leaf stitch

No.1540
-3.5mm

No.1540
-7mm

No.1541

No.1542

No.1544

No.1546

No.4599
-7mm

No.1547

스티치는 실물크기

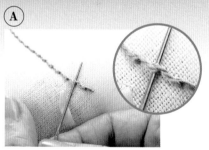

1 먼저 5번 자수실로 토대가 되는 아웃라인 스티치를 탄탄히 수놓습니다. 끝이 둥근 바늘에 리본을 꿰어 천에서 빼고, 스티치가 겹친 부분으로 바늘을 통과시킵니다.

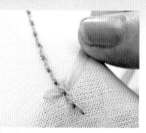

2 아웃라인 스티치의 위치에서 리본이 조여집니다. 제대로 조여지지 않을 때는 리본을 한 번 비틀면 좋습니다.

3 리본에 바늘을 넣어 고정합니다. 잎의 종류에 따라 각도를 바꿉니다.

4 다음 잎은 위로 진행합니다. 뒤쪽으로 지나는 리본이 적어집니다.

B

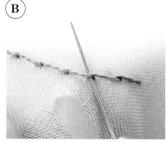

1 ⓐ와 같은 요령으로 수놓는데, 폭이 넓은 리본으로 큰 잎을 수놓을 때는, 토대의 아웃라인 스티치는 성글게 ⅓ 정도 겹쳐서 수놓습니다.

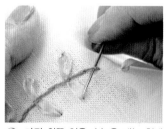

2 가장 위쪽 잎을 수놓을 때는 천에서 리본을 빼서 자수실로 통과시킵니다.

3 그대로 위로 돌아가서

4 수를 끝낼 때는 리본 위에서 바늘을 찔러 고정합니다.

62

유키코 로즈 스티치
Yukiko rose stitch

Ⓐ
No.1540
-3.5mm

No.1540
-7mm

Ⓑ

No.1542

No.1545

No.1546

No.1547

No.1540
-3.5mm

No.1540
-7mm

No.1542

No.1545

No.1546

No.1547

No.1540
-7mm

Ⓒ

No.1543
-7mm

스티치는 실물크기
* ⒶⒷⒸ 모두, 리본을 바느질하는 길이에 따라 크기가 달라집니다.

Ⓐ

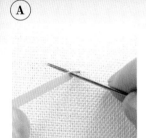

1 끝이 둥근 바늘에 부드러운 리본을 꿰어 천에서 빼고, 리본 한가운데로 바늘을 찌릅니다.

2 2mm 정도의 바늘땀으로 약 5cm 홈질합니다.

3 손가락으로 누르면서 바늘을 돌려, 천천히 바늘을 뺍니다.

4 주름을 잡으면서 리본을 당깁니다.

5 모양을 정돈하고, 리본 위에서 바늘을 찌릅니다.

Ⓑ

Ⓒ

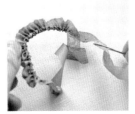

1 꽃 모양으로 만들 때는, 끝이 둥근 바늘에 리본(부드럽고 폭이 넓은 것이 좋음)을 꿰어 천에서 빼고, 리본의 한쪽 끝을 2mm 정도의 바늘땀으로 약 22cm 홈질합니다.

2 손가락으로 누르면서 바늘을 돌려 천천히 빼고, 주름을 잡으면서 리본을 당깁니다.

3 모양을 정돈하여 천으로 바늘을 넣고, 중심으로 바늘을 빼서 드러나지 않게 군데군데 고정합니다.

4 꽃심을 넣을 때는 군데군데 고정한 다음, 한가운데로 바늘을 뺍니다.

2 프렌치 노트 스티치(→38쪽)를 봉긋하게 수놓습니다.

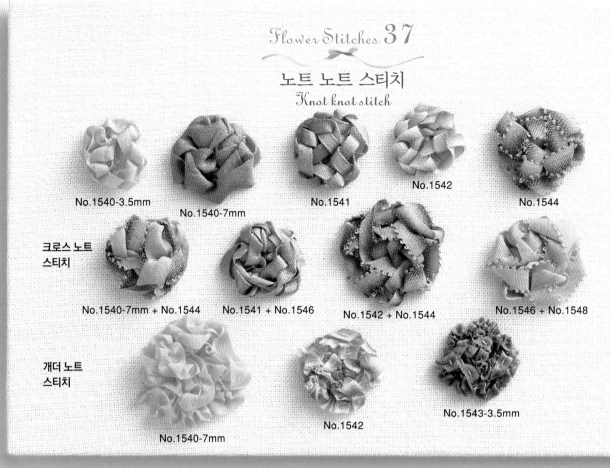

Flower Stitches 37
노트 노트 스티치
Knot knot stitch

No.1540-3.5mm

No.1540-7mm

No.1541

No.1542

No.1544

크로스 노트 스티치

No.1540-7mm + No.1544

No.1541 + No.1546

No.1542 + No.1544

No.1546 + No.1548

개더 노트 스티치

No.1540-7mm

No.1542

No.1543-3.5mm

스티치는 실물크기
*리본을 바느질할 때는 같은 색의 25번 자수실 1겹을, 가는 바느질 바늘에 꿰어 사용합니다.

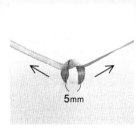

1 30cm 리본을 5mm 간격으로 천에 꿰고, 좌우를 같은 길이로 하여 느슨하게 묶습니다.

2 끝에서 1cm 정도가 남을 때까지 같은 방향으로 묶습니다.

3 리본 끝을 한데 모아, 매듭지은 실로 꿰매어 단단히 고정합니다.

4 그 상태에서, 첫 번째로 묶은 고리로 바늘을 통과시킵니다.

5 튼튼하게 천에 바느질하여 고정합니다.

크로스 노트 스티치

개더 노트 스티치

6 바느질로 고정한 위로 묶은 부분을 씌우고, 모양을 정돈하면서 군데군데 고정합니다.

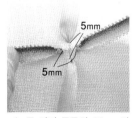

1 두 가지 종류의 30cm 리본을 상하좌우 5mm 간격으로 천에 통과시킵니다.

2 번갈아 묶습니다. 다음 요령은 같습니다.

1 55cm 리본을 5mm 간격으로 천에 통과시키고, 매듭지은 실로 리본 끝에서 1cm 떨어진 위치에서부터 2mm의 바늘땀으로 한가운데를 홈질합니다. 중심까지 왔으면 좌우 5mm 정도 띄우고 계속해서 홈질을 합니다.

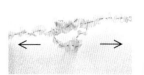

2 끝에서 단단히 매듭을 짓고, 주름이 균등하게 잡히도록 주의하면서 30cm까지 오그립니다. 다음 요령은 같습니다.

Flower Stitches 38
플럼 스티치
Plum stitch

하나씩 수놓을 때

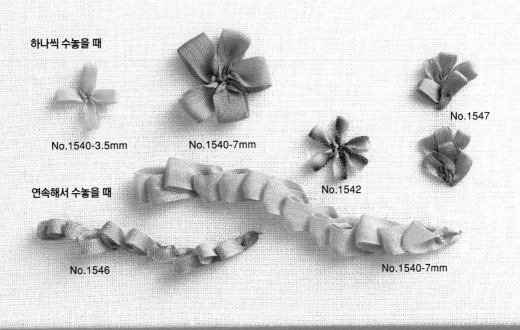

No.1540-3.5mm

No.1540-7mm

No.1547

No.1542

연속해서 수놓을 때

No.1546

No.1540-7mm

스티치는 실물크기

하나씩 수놓을 때

1 도안선으로 리본을 뺍니다.

2 리본을 접는데, 이때 고리 부분에 손가락이나 펜 등을 끼워서 하면 균등하게 접을 수 있습니다.

3 리본 위에서 바늘을 찌르는데, 자 수 시작 부분의 리본도 함께 찌릅 니다.

4 꽃 모양으로 3개를 수놓고, 색깔을 바꾸어 줄기도 수놓습니다.

연속해서 수놓을 때

1 도안선으로 리본을 빼고, 접어서 바늘을 넣습니다.

2 그 상태에서 자수 시작 부분의 리 본도 찌르면서 바늘을 뺍니다.

3 리본을 접고 한 땀 뜨기를 반복합 니다.

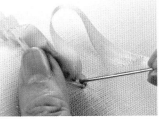

4 수를 끝낼 때는 리본 위에서 바늘 을 찔러 고정합니다.

Flower Stitches 39

슈 플뢰르 스티치
Chou fleur stitch

No.1540-3.5mm

No.1540-7mm

No.4563-8mm

No.4563-15mm

No.1543-7mm

No.1542

No.1546

No.1547

골선 · · · · · ·
실물크기 종이 본   접어 넣는 부분

스티치는 실물크기

골선

1 25cm 리본을 반으로 접고 끝자 락을 모아 시침핀으로 고정한 다 음. 종이 본에 대고 바늘을 통과시 키는 위치를 연필로 표시합니다.

2 다른 리본을 바늘에 꿰 어 매듭을 짓지 않은 채 리본의 정중앙으로 통과 시킵니다.

3 바로 옆에서 바늘을 넣 어, 수를 놓을 리본으로 통과시킨 다음 당겨서, 리본을 고정합니다.

4 안쪽에서부터 표시된 점 으로 바늘을 빼서 작게 한 땀을 뜨고, 반대쪽 리 본으로 넣습니다.

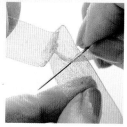

5 좌우 번갈아서 바늘을 표 시점으로 통과시키는데, 안쪽에 리본이 지나도록 바깥쪽에 한 땀을 뜹니다.

6 접어 넣는 부분은 먼저 안 쪽으로 섭고, 안쪽에서 바 깥쪽으로 바늘을 뺍니다.

7 반대쪽의 접어 넣는 부분 도 접어서, 반대쪽으로 바 늘을 뺍니다.

8 수를 끝낼 때는 리본의 가 운데로 바늘을 뺍니다.

9 아랫부분을 누르고 리본 을 당깁니다.

10 끝까지 당겼으면, 뒤에 서 매듭을 짓고 천에 바 느질해 붙입니다.

Flower Stitches 40
프티 로즈 스티치
Petit rose stitch

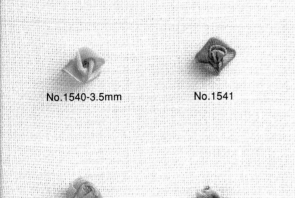

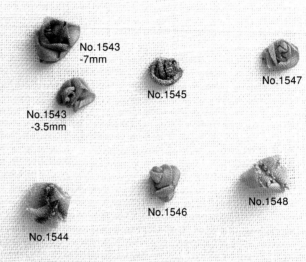

No.1540-3.5mm

No.1541

No.1543
-7mm

No.1543
-3.5mm

No.1545

No.1547

No.1540-7mm

No.1542

No.1544

No.1546

No.1548

스티치는 실물크기
*리본을 바느질할 때는 같은 색의 25번 자수실 1겹을, 가는 바느질 바늘에 꿰어 사용합니다.

1 25cm 리본을 바늘에 꿰어 천에서 빼고, 꼬임을 줍니다.

2 10cm 정도를 반으로 접고, 왼쪽 손가락을 떼면 2겹으로 꼬입니다.

3 밑을 정하여 누르고, 꼬여 있는 리본을 풀어줍니다.

4 자수 시작 위치로 바늘을 넣습니다.

실로 고정할 때

프렌치 노트 스티치로 고정할 때(부드러운 리본)

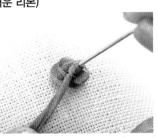

5 꼰 리본의 아랫부분을 누르면서. 리본을 뒤로 당깁니다.

실로 모양을 정돈하면서 2~3군데를 고 정합니다.

1 중심에서 바늘을 뺍니다.

2 프렌치 노트 스티치 1번 감기(→38쪽) 로 고정합니다.

플로럴 스티치A
Floral stitch A

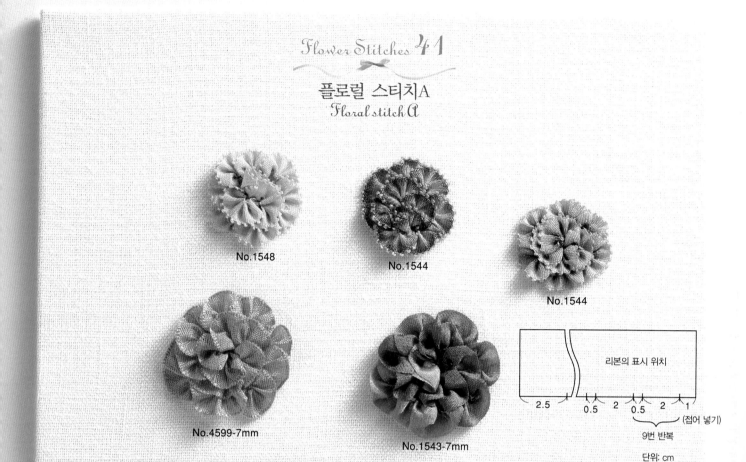

No.1548

No.1544

No.1544

No.4599-7mm

No.1543-7mm

리본의 표시 위치

2.5 0.5 2 0.5 2 1

(접어 넣기)

9번 반복

단위: cm

스티치는 실물크기

* 리본을 바느질할 때는 같은 색의 25번 자수실 1겹을, 가는 바느질 바늘에 꿰어 사용합니다.

1 만드는 꽃의 크기에 따라 바꿉니다. 26cm 리본에, 표시 위치를 보면서 연필로 표시를 합니다.

2 접어 넣는 부분을 접고, 리본 끝에서부터 2mm 정도의 바늘땀으로 2cm를 홈질합니다.

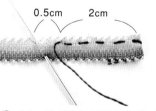

0.5cm 2cm

3 0.5cm의 위치에서 비스듬히 한 땀을 뜬 다음, 이어서 홈질을 하고, 이를 반복합니다.

4 끝까지 홈질을 합니다.

5 실을 당겨서 8cm까지 오그립니다.

6 바느질 시작 쪽부터 둥글게 모양을 만들고, 주름을 조금씩 늘리면서 중심에 붙여갑니다.

7 예쁘게 모양이 만들어졌으면, 바느질 끝 부분에 매듭을 짓고 천에 꿰매어 붙입니다.

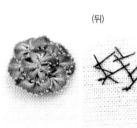

(뒤)

8 완성입니다. 뒤에는 이렇게 실이 지납니다.

68

플로럴 스티치 B, C
Floral stitch B, C

Ⓑ

No.4563-15mm

2cm · 실물크기 종이 본 · 2cm

Ⓒ

No.1543-7mm
+ No.4563-15mm

No.1540-7mm
+ No.4563-15mm

No.1545 +
No.4599-7mm

리본의 표시 위치

0.5 4.8 ● ● ● ●=5.8 1 0.5

단위: cm

스티치는 실물크기

* 리본을 바느질할 때는 같은 색의 25번 자수실 1겹을, 가는 바느질 바늘에 꿰어 사용합니다.

Ⓑ

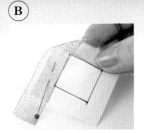

1 2cm 정사각형 종이 본에, 시작 부분을 리본의 폭보다 길게 남겨서 시침핀으로 고정합니다. 종이 본에 맞추어 모서리를 접습니다.

Ⓒ

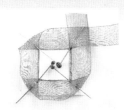

2 모서리는 같은 방향으로 접고, 종이 본을 시침핀으로 고정하면서 한 바퀴를 돌아 시작 부분에서 만나게 합니다.

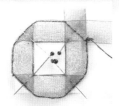

3 모양이 흐트러지지 않게 리본에만 바느질합니다. 리본이 겹친 부분부터 2mm의 바늘땀으로 홈질하여 한 바퀴를 두릅니다.

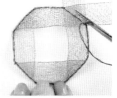

4 종이 본을 뺀 다음 2~3mm를 남기고 여분의 리본을 자릅니다.

5 바느질 시작 부분에서 반 정도 오그린 후 바느질 끝 부분에서 나머지를 오그려, 실 2가닥을 뒤에서 묶고 천에 바느질합니다.

1 폭이 다른 30cm의 리본을 2줄 준비하고, 폭이 좁은 쪽 리본에, 표시 위치를 보면서 연필로 표시합니다.

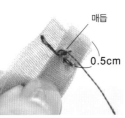

매듭

0.5cm

2 2장의 리본을 앞면이 맞닿게 겹쳐 0.5cm 위치에 바느질하는데, 중심에서부터 바느질을 시작하고 다시 되돌아와 중심에서 매듭을 지어 끝냅니다.

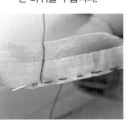

3 2에서 왼쪽으로 1cm의 위치에서부터 바느질을 시작합니다. 2mm의 바늘땀으로 홈질하여 표시 위치까지 왔으면, 뒤에서 바늘을 넣은 후 계속 홈질합니다.

4 표시 위치에서 바느질실이 리본을 감듯이 지나가게 됩니다. 바느질 시작 위치까지 바느질합니다.

5 바느질 시작 부분에서 반 정도 오그린 후 바느질 끝 부분에서 나머지를 오그려, 실 2가닥을 뒤에서 묶고 천에 바느질합니다.

올드 로즈 스티치
Old rose stitch

No.1540-7mm

No.1544

No.1543-7mm

No.4563-15mm

No.1548

No.4563-8mm

No.4599-7mm

스티치는 실물크기
*리본을 바느질할 때는 같은 색의 25번 자수실 1겹을, 가는 바느질 바늘에 꿰어 사용합니다.

1 중심에서 리본을 뺍니다.

2 프렌치 노트 스티치 1번 감기(→38쪽)를 수놓고, 바로 아래로 바늘을 뺍니다.

3 2에서 뺀 리본을 살짝 집는 느낌으로 비스듬히 접습니다.

4 실을 꿴 바늘을 리본 옆으로 뺍니다.

5 접은 리본의 끝을 천과 함께 촘촘히 바느질합니다.

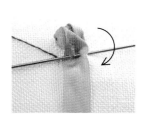

6 바늘을 빼지 않은 채로, 5를 시계 방향으로 90도 회전시킵니다.

7 그 상태에서 리본을 위로 올려 비스듬히 접습니다.

8 6의 바늘을 빼고, 리본의 끝을 천과 함께 바느질합니다.

9 조금씩 비껴가면서, 바느질하고 접기를 반복합니다.

10 수를 끝낼 때는, 리본 위를 바늘로 찔러 뒤에서 마무리하고, 실도 뒤에서 매듭을 짓습니다.

Flower Stitches *44*

스티치 온 스티치
Stitch on stitch

스트레이트
스티치용

No.1540-3.5mm
+ No.4563-8mm

프렌치 노트
스티치용

No.1541
+ No.4563-8mm

No.1540-7mm
+ No.4563-15mm

레이지데이지
스티치용

No.1540-3.5mm
+ No.4563-8mm

No.1540-7mm
+ No.4563-15mm

스티치는 실물크기

스트레이트 스티치용

1 스트레이트 스티치(→12쪽)를 수놓은 다음, 오건디 리본을 바늘에 꿰어 자수 시작 위치로 바늘을 뺍니다.

2 리본 위에서 바늘을 넣습니다.

3 비치는 느낌이 예쁜 스티치입니다.

레이지데이지 스티치용

1 레이지데이지 스티치(→28쪽)를 수놓은 다음, 오건디 리본을 바늘에 꿰어 자수 시작 위치에서 바늘을 뺍니다.

2 리본 위에서 바늘을 넣습니다.

프렌치 노트 스티치용

1 프렌치 노트 스티치 1번 감기(→38쪽)를 수놓습니다.

2 오건디 리본을 바늘에 꿰고, 자수 시작 위치에서 바늘을 빼서 감쌉니다.

3 리본 위에서 바늘을 넣습니다.

플러스α 테크닉

리본 자수의 효과를 높이기 위한 실 자수

(5번이나 25번 자수실을 이용해 각각의 굵기로 수놓습니다)

아웃라인 스티치(→16쪽) 작은 꽃의 줄기와 가지를 수놓을 때 사용합니다.

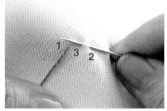 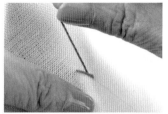  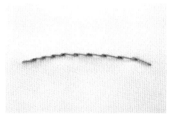

1 5번 자수실로 수놓습니다. 먼저 1에서 바늘을 빼서 2로 넣고, ⅓ 정도 되돌아간 위치로 뺍니다.

2 실을 바짝 당깁니다.

3 같은 방법으로 바늘을 움직여 진행합니다.

4 아웃라인 스티치가 완성되었습니다.

가지 모양으로 수놓기 ⋯

1 실의 중간에서 바늘을 뺍니다.

2 천에 바늘을 넣고 ⅓ 정도 되돌아간 위치에서 바늘을 뺍니다.

3 같은 방법으로 진행합니다.

페더 스티치(→30쪽)⋯부피감이 있는 리본 자수 사이에 수놓으면 효과적입니다.

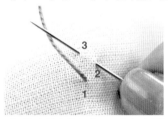   

1 천의 위아래를 거꾸로 해서 시작합니다. 1에서 바늘을 빼서, 오른쪽으로 넣습니다.

2 다음은 왼쪽으로 넣습니다(오른쪽, 왼쪽 어느 쪽부터 시작해도 상관 없습니다).

3 좌우를 번갈아 수놓습니다.

4 아래쪽으로 갈수록 크게 수놓습니다. 5번 또는 25번 자수실 1겹 등 리본 자수에 맞추어 선택합니다.

스트레이트 스티치＋프렌치 노트 스티치(→38쪽)⋯꽃심이나 꽃 사이에 수놓으면 효과적입니다.

1 스트레이트 스티치를 먼저 수놓습니다.

2 프렌치 노트 스티치 2번 감기를 수놓습니다.

3 5번 자수실로 수놓은 모습입니다. 꽃심에도 사용할 수 있습니다.

4 25번 자수실(1겹)로 꽃의 배경에 포인트를 줬습니다.

Flower Stitches 45
플러스알파 스티치

오픈 버튼홀·플로럴
스티치

No.1500 + No.1541

No.1541 + No.1546

No.1547
+ No.1547-4mm

No.1542
+ No.1547-4mm

유키코 로즈
스티치D

No.4563-8mm

No.1540-7mm

No.1543-7mm

No.1542

스티치는 실물크기

오픈 버튼홀·플로럴 스티치

스트레이트 스티치를 수놓은 리본에, 버튼홀 스티치처럼 리본을 통과시킵니다. 스트레이트 스티치의 수에 따라 꽃의 크기와 모양 등이 달라집니다. 중심에는 꽃의 크기에 따라 프렌치 노트 스티치 등을 수놓습니다. 스트레이트 로즈 스티치B를 응용한 스티치입니다.

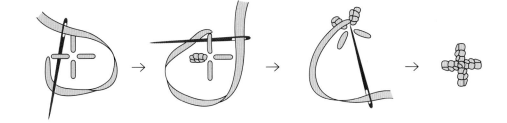

유키코 로즈 스티치D

유키코 로즈 스티치B와 플로럴 스티치C를 합친 스티치입니다. 리본의 폭에 따라 다르겠지만 1.5~2.5cm 정도 홈질하고(→63쪽), 뒤에서부터 바늘을 넣어 리본을 걸친 다음, 계속해서 홈질을 합니다(→69쪽). 꽃잎의 수는 3·4·5…로 하고 꽃잎의 수만큼 바느질한 후 리본을 조입니다. 바느질한 꽃잎의 수와 리본의 폭에 따라 꽃의 크기가 달라집니다. 중심에는 프렌치 노트 스티치 등을 수놓습니다.

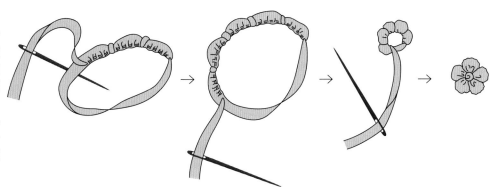

플러스알파 스티치

플로럴 스티치D

No.4681 + No.1540

No.1549−11mm
+ No.1540

No.1549−11mm
+ No.1540

플로럴 스티치E

바깥쪽 No.4653−15mm
안쪽 No.1544
중심 No.1541

바깥쪽 No.1549−11mm
안쪽 No.1542
중심 No.1546

바깥쪽 No.1549−15mm
안쪽 No.1548
중심 No.1541

스티치는 실물크기

플로럴 스티치D

종이 본

자르는 선

플로럴 스티치E

종이 본

자르는 선

플로럴 스티치D

① 종이 본에 리본을 시침핀으로 고정한다.

② 실로 ★에서부터 그림과 같이 자수 실 2겹으로 빙 둘러 홈질을 한다(종이 본을 붙인 채로).

③ 시침핀을 빼고, 모서리 여분의 리본을 자른다.

④ 바느질 시작 부분과 끝부분의 실을 양쪽에서 천천히 잡아당겨 오그린다.

⑤ 모양을 정돈하고 실을 묶는다.

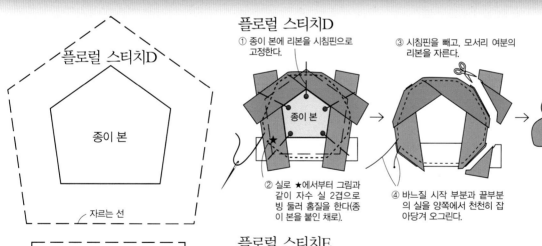

플로럴 스티치E

① 폭이 넓은 리본을 종이 본에 시침핀으로 고정한다.

② 폭이 좁은 리본을 가장자리에 맞추고 ★의 뒤쪽에서 바늘을 빼서 홈질한다.

③ 시침핀을 빼고 여분의 리본을 자른다.

④ 바느질 시작 부분과 끝부분의 실을 양쪽에서 천천히 잡아당겨 오그린다.

⑤ 모양을 정돈하고 실을 묶는다.

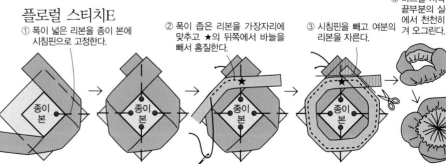

꽃바구니 미니 액자

리본으로 만드는 작은 꽃들.
리본으로 수놓은 꽃바구니를 다양하게 조합하여 액자로 만들었습니다.
여러 개를 만들어 꽃의 미니 갤러리로 꾸며도 멋지답니다.

만드는 법 → 102쪽

23

22

24

도안은 98쪽

도안은 99쪽

꽃 샘플러

작은 꽃의 리본 자수를 모은 샘플러.
스티치의 종류도, 리본의 색깔도, 다양하게 담았습니다.
좋아하는 꽃을 골라 원하는 곳에 원 포인트 자수로 놓아도 예뻐요.
만드는 법 → 104쪽

25

26

27

주머니와 파우치

'꽃 샘플러' 액자에서 고른 도안을 파우치와 주머니에
수놓았습니다.
여백과 어울리는 꽃을 조합하는 재미도 즐겨 보세요.
만드는 법 → 104쪽, 105쪽

하트 모양 BOX

들장미, 제비꽃, 물망초의 리본 자수가 사랑스러운 하트 모양 BOX.
빈 초콜릿 상자를 활용해서 뚜껑 부분에 장식하였습니다.
만드는 법 → 103쪽

28

29

30

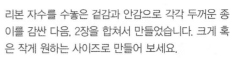

31

시침핀 홀더

리본 자수를 수놓은 겉감과 안감으로 각각 두꺼운 종이를 감싼 다음, 2장을 합쳐서 만들었습니다. 크게 혹은 작게 원하는 사이즈로 만들어 보세요.
만드는 법 → 102쪽

니들 케이스

모아레 리본을 이용한 롤 스타일의 니들 케이스입니다.
바늘꽂이와 실패 홀더가 달려 있고,
안쪽의 울 부분에 바늘을 꽂아
둘둘 말아서 수납합니다.

만드는 법 → 106쪽

33

32

미니 파우치

모아레 리본을 활용한 미니 파우치입니다.
소중한 물건을 담기에 좋습니다.

만드는 법 → 108, 109쪽

34

35

소잉 케이스 & 핀 쿠션

모아레 광폭 리본을 바탕으로 한 소잉 케이스입니다.
안쪽의 바늘꽂이며 핀 쿠션. 가위집 등은
재단한 그대로 사용할 수 있으면서도
바늘이 녹슬 염려가 없는 펠트로 만들었습니다.
핀 쿠션도 같은 리본을 사용하였습니다.
만드는 법 → 110쪽

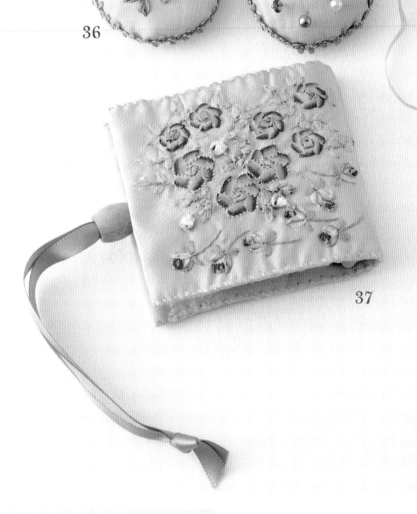

36

37

브로치 5종

꽃을 모티프로 한 브로치는 정장이나 코트에 달거나,
스카프를 고정하기도 하고, 가방이나 주머니의 포인트로 활용할 수 있습니다.
상황에 맞추어 코디하며 즐겨주세요.

만드는 법 → 85쪽

38

41

39

40

42

38~42. 브로치 (84쪽)

종이 본·도안	작품 38: 85쪽, 작품 39~42: 86쪽
재료 〈작품 28〉	겉감(7.5cm 폭의 벨벳 리본·핑크): 9cm, 펠트(검은색): 10×6cm, 퀼트 솜: 22×6cm, 브로치 핀: 1개,
	두꺼운 종이: 7.5×9cm, 수예용 접착제, 자수용 리본과 자수실: 도안 참조
재료 〈작품 32〉	겉감(면벨벳·빨간색): 12×10cm, 펠트(검은색): 10×7cm, 퀼트 솜: 22×6cm, 그 외는 작품 28 참조
재료 〈작품 29·30〉	겉감: 작품 30은 벨벳 리본·갈색·작품 29는 벨벳 리본(검은색), 펠트(검은색): 7×7cm,
	퀼트 솜: 12×12cm, 그 외는 작품 28 참조
재료 〈작품 31〉	겉감(7.5cm 폭의 벨벳 리본·보라색): 10cm, 비즈 스트레치 리본: 22cm, 펠트(검은색): 10×6cm,
	퀼트 솜: 15×12cm, 그 외는 작품 28 참조

〈작품 38 만드는 법〉
1. 종이 본으로 재료를 재단한다

시접 1cm
겉감
종이 본
벨벳 리본 2600(57)
7.5
9

퀼트 솜 4장
종이 본과 같은 사이즈
0.5

종이 본과 같은 사이즈
펠트
두꺼운 종이 } 각 1장

펠트 1장
종이 본과 같은 사이즈

2. 겉감에 수를 놓고, 둘레를 홈질한다
3. 두꺼운 종이에 퀼트 솜을 겹치고, 겉감으로 감싼다

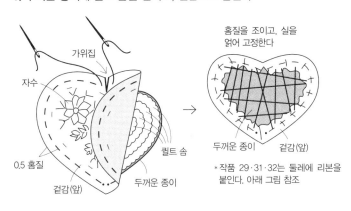

가위집
자수
0.5 홈질
겉감(앞)
퀼트 솜
두꺼운 종이

홈질을 조이고, 실을 엮어 고정한다
두꺼운 종이
겉감(앞)

* 작품 29·31·32는 둘레에 리본을 붙인다. 아래 그림 참조

4. 펠트와 브로치 핀을 접착제로 붙인다

뒤쪽
펠트
브로치 핀

완성

5
7

작품 38 실물크기 종이 본·도안

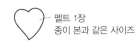

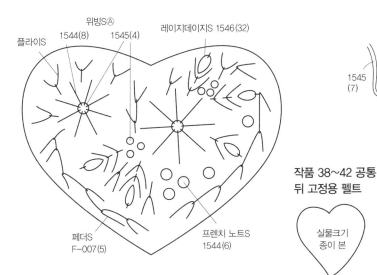

플라이S
1544(8)
위빙SⒶ
1545(4)
레이지데이지S 1546(32)
페더S
F-007(5)
프렌치 노트S
1544(6)

작품 38~42 공통
뒤 고정용 펠트

실물크기
종이 본

〈작품 42〉
앞면
1545
(7)
9583(29)
별도의 리본으로
고정한다

〈작품 41〉
비즈 스트레치 리본
4672(46)
뒷면
뒤쪽 둘레에 비즈 스트레치 리본을 접착제로 붙인다
(뒤)

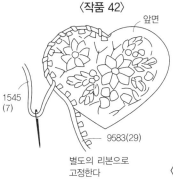

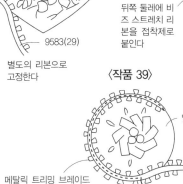

〈작품 39〉
앞면
둘레에 리본을 바느질해 고정한다
메탈릭 트리밍 브레이드
9584(26)

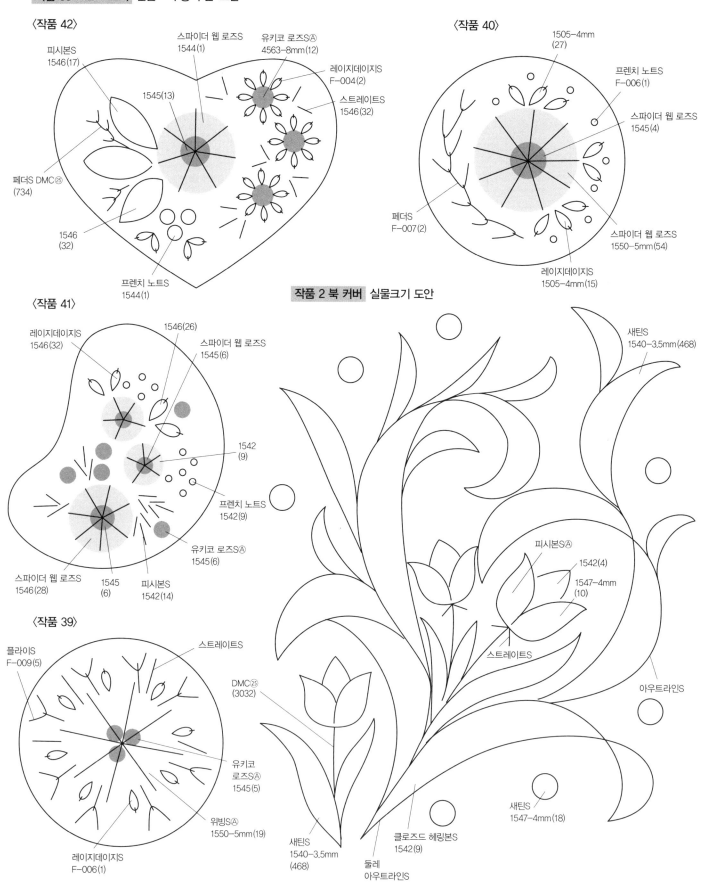

〈작품 42〉

피시본S
1546(17)

스파이더 웹 로즈S
1544(1)

유키코 로즈SⒶ
4563-8mm(12)

레이지데이지S
F-004(2)

스트레이트S
1546(32)

1545(13)

페더S DMC㉕
(734)

1546
(32)

프렌치 노트S
1544(1)

〈작품 40〉

1505-4mm
(27)

프렌치 노트S
F-006(1)

스파이더 웹 로즈S
1545(4)

페더S
F-007(2)

스파이더 웹 로즈S
1550-5mm(54)

레이지데이지S
1505-4mm(15)

〈작품 41〉

레이지데이지S
1546(32)

1546(26)

스파이더 웹 로즈S
1545(6)

1542
(9)

프렌치 노트S
1542(9)

유키코 로즈SⒶ
1545(6)

스파이더 웹 로즈S
1546(28)

1545
(6)

피시본S
1542(14)

작품 2 북 커버 실물크기 도안

새틴S
1540-3.5mm(468)

피시본SⒶ

1542(4)

1547-4mm
(10)

스트레이트S

아웃라인S

〈작품 39〉

플라이S
F-009(5)

스트레이트S

DMC㉕
(3032)

유키코
로즈SⒶ
1545(5)

위빙SⒶ
1550-5mm(19)

레이지데이지S
F-006(1)

새틴S
1540-3.5mm
(468)

둘레
아웃라인S

클로즈드 헤링본S
1542(9)

새틴S
1547-4mm(18)

86

1, 2. 북 커버 (10쪽)

종이 본·도안　작품 1: 87쪽, 작품 2: 86쪽
　　　　　　＊치수는 작품 1: 문고 사이즈　＊( ) 안은 작품 2: A5 변형 사이즈

재료　겉감(마)·안감(얇은 시팅지): 각 40×20cm(각 55×25cm), 새틴 리본(1.5cm 폭): 17cm(23cm),
　　　자수용 리본과 자수실: 도안 참조
　　　＊재료는 가지고 있는 책의 사이즈를 확인합니다.

배치도　숫자는 작품 1: 문고본 사이즈
　　　　　( )안은 작품 2: A5 변형 사이즈

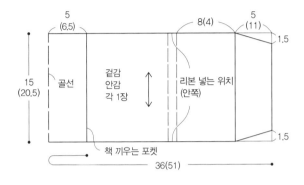

1. 시접을 더해서, 겉·안감을 재단한다
2. 겉감에 수를 놓고, 리본을 임시 고정한다

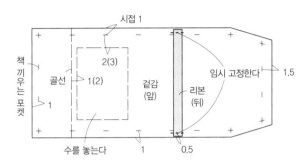

작품 1 북 커버 실물크기 도안

3. 겉감과 안감을 앞면이 맞닿게 합쳐 박는다

4. 시접을 겉감 쪽으로 접어 다림질한다

5. 겉으로 뒤집고, 창구멍을 막는다

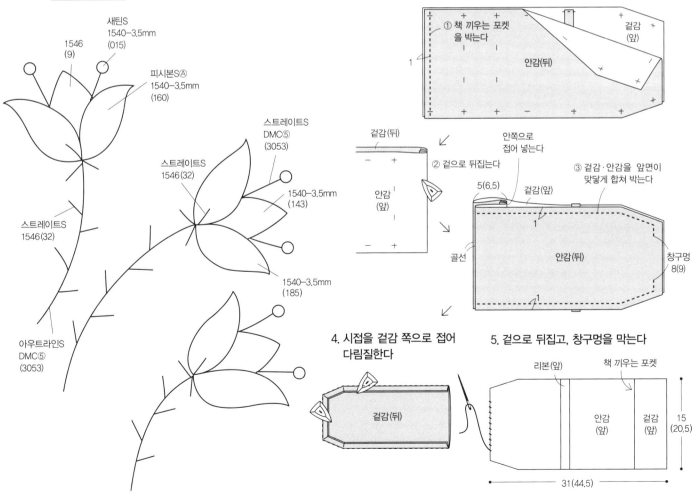

3. 쿠션 (22쪽)

종이 본·도안 89쪽
재료 겉감(마): 70×35cm, 지퍼(27cm): 1개, 무지 쿠션(30×30cm): 1개, 자수용 리본과 자수실: 도안 참조

1. 시접을 더해서 천을 재단하고, 수를 놓는다

배치도

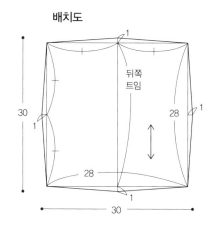

뒤쪽
트임

30

28

28

1

1

1

30

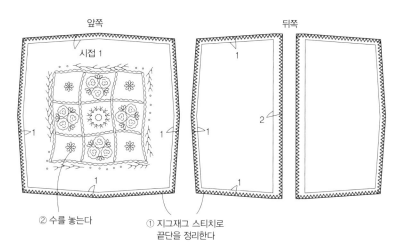

앞쪽

시접 1

② 수를 놓는다

① 지그재그 스티치로
끝단을 정리한다

뒤쪽

2

2. 뒤쪽에 지퍼를 단다

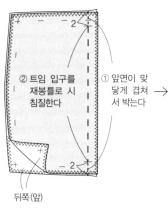

② 트임 입구를
재봉틀로 시
침질한다

① 앞면이 맞
닿게 겹쳐
서 박는다

뒤쪽(앞)

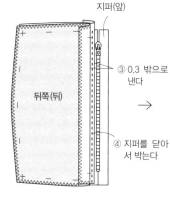

지퍼(앞)

③ 0.3 밖으로
낸다

뒤쪽(뒤)

④ 지퍼를 닫아
서 박는다

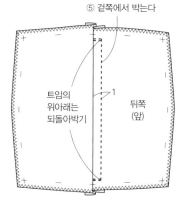

⑤ 겉쪽에서 박는다

트임의
위아래는
되돌아박기

1

뒤쪽
(앞)

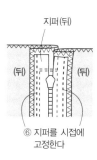

지퍼(뒤)

(뒤)   (뒤)

⑥ 지퍼를 시접에
고정한다

3. 앞뒤를 앞면이 맞닿게 합쳐 박는다

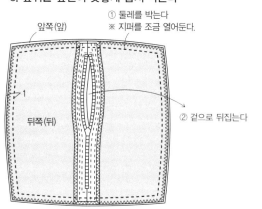

앞쪽(앞)

① 둘레를 박는다
※ 지퍼를 조금 열어둔다.

1

뒤쪽(뒤)

② 겉으로 뒤집는다

완성

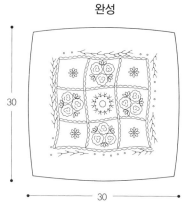

30

30

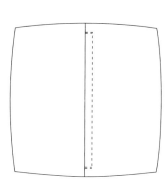

프렌치 노트S

트위스티드 체인S
1505—4mm
(27) [15]

페더S
F—007
(3) [5]

* 외곽선은 중앙에서 좌우
대칭으로 베낍니다.

중앙

레이지데이지S
1546
(9) [14]

프렌치 노트S
1545
(7) [8]

레이지데이지S
1546
(26) [26]

트위스티드 체인S
1540—7mm
(163) [214]

레이지데이지 노트S
1545 (7) [8]

플라이S
No.F—007
(3) [5]

1541
(158) [204]

1540—7mm
(153) [204]

중심

로제트 체인S

1540—7mm
(162) [296]

레이지데이지S

트위스티드 체인S

4, 5. 주머니 2종 (36쪽)

종이 본·도안	91쪽
재료 〈작품 4〉	겉감(마): 20×25cm, 안감(면 브로드): 20×20cm, 끈 장식(3.6cm 폭의 새틴 리본): 15cm, 솜: 적당량, 메탈릭 코드(지름 0.3cm): 100cm, 자수용 리본과 자수실: 도안 참조
재료 〈작품 5〉	겉감(모아레 천): 25×30cm, 안감(면 브로드): 25×20cm, 끈 장식(3.6cm 폭의 새틴 리본): 15cm, 솜: 적당량, 메탈릭 코드(지름 0.3cm): 120cm, 자수용 리본: 각 적당량, 장식용 리본: 45cm, 자수용 리본과 자수실: 도안 참조

〈작품 4·5 공통〉

1. 종이 본에 시접을 더해서 천을 재단한다

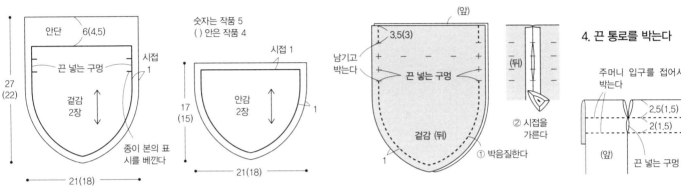

2. 겉감 1장에 수를 놓는다
3. 겉감을 앞면이 맞닿게 합쳐 박는다

4. 끈 통로를 박는다

5. 안감을 박는다

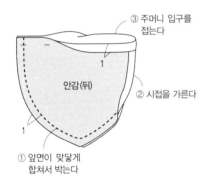

6. 겉감에 안감을 붙인다

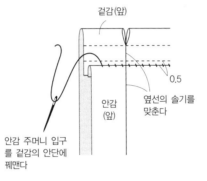

7. 겉감에 리본을 바느질해 붙인다
(작품 5에만 붙인다)

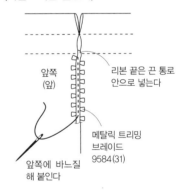

완성

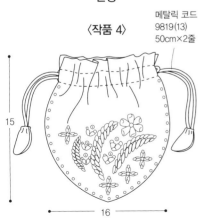

〈작품 4〉

메탈릭 코드
9819(13)
50cm×2줄

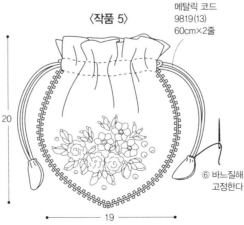

〈작품 5〉

메탈릭 코드
9819(13)
60cm×2줄

8. 끈을 끼우고, 끈 장식을 붙인다

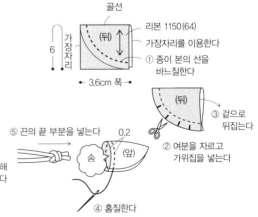

90

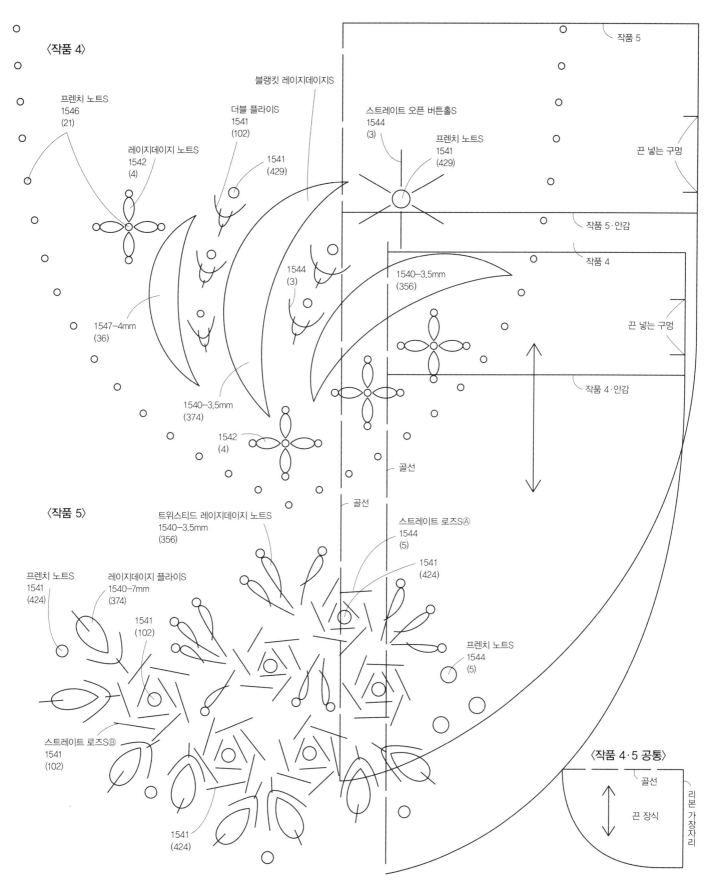

〈작품 4〉

프렌치 노트S
1546
(21)

레이지데이지 노트S
1542
(4)

더블 플라이S
1541
(102)

블랭킷 레이지데이지S

1541
(429)

스트레이트 오픈 버튼홀S
1544
(3)

프렌치 노트S
1541
(429)

작품 5

끈 넣는 구멍

작품 5·안감

작품 4

1540-3.5mm
(356)

끈 넣는 구멍

작품 4·안감

1547-4mm
(36)

1544
(3)

1540-3.5mm
(374)

1542
(4)

골선

골선

〈작품 5〉

트위스티드 레이지데이지 노트S
1540-3.5mm
(356)

스트레이트 로즈SⒶ
1544
(5)

1541
(424)

프렌치 노트S
1541
(424)

레이지데이지 플라이S
1540-7mm
(374)

1541
(102)

프렌치 노트S
1544
(5)

스트레이트 로즈SⒷ
1541
(102)

1541
(424)

〈작품 4·5 공통〉

골선

끈 장식

리본 가장자리

91

6. 파우치 (37쪽)

도안 95쪽

재료 겉감(면벨벳): 25×35cm, 안감(면 시팅지): 25×35cm, 지퍼(20cm): 1개, 탭(1.5cm 폭의 리본): 5cm,
자수용 리본과 자수실: 도안 참조

1. 시접을 더해서 천을 재단한다

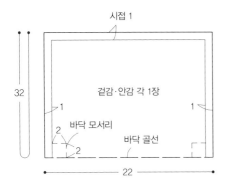

2. 겉감에 수를 놓는다
3. 겉감에 지퍼를 단다

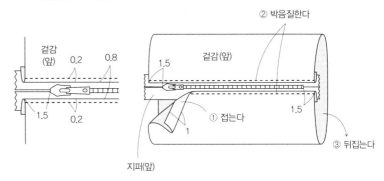

4. 탭을 끼워 옆선을 박는다

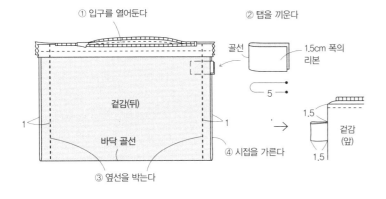

5. 바닥 모서리를 박는다

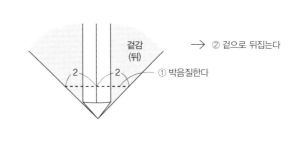

6. 안감을 박는다

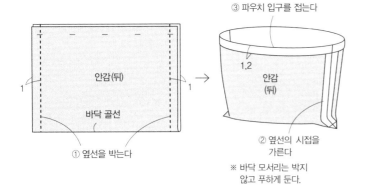

7. 안감 파우치의 입구에 지퍼를 꿰맨다

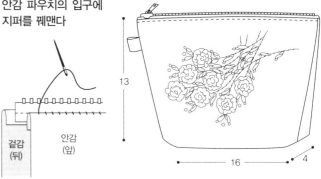

완성

19. 타원형 상자 (60쪽)

종이 본·도안 95쪽

재료 뚜껑용 리본(10cm 폭의 실크 모아레 리본): 15cm, 옆면용 리본(7.5cm 폭의 실크 모아레 리본): 35cm, 연결용 리본(2.5cm 폭): 10cm, 탭용 리본(1.5cm 폭): 10cm, 스트레치 새틴 리본(1.5cm 폭): 35cm, 솜·대지: 각 적당량, 타원형 빈 상자: 1개, 양면테이프: 적당량, 자수용 리본과 자수실: 도안 참조

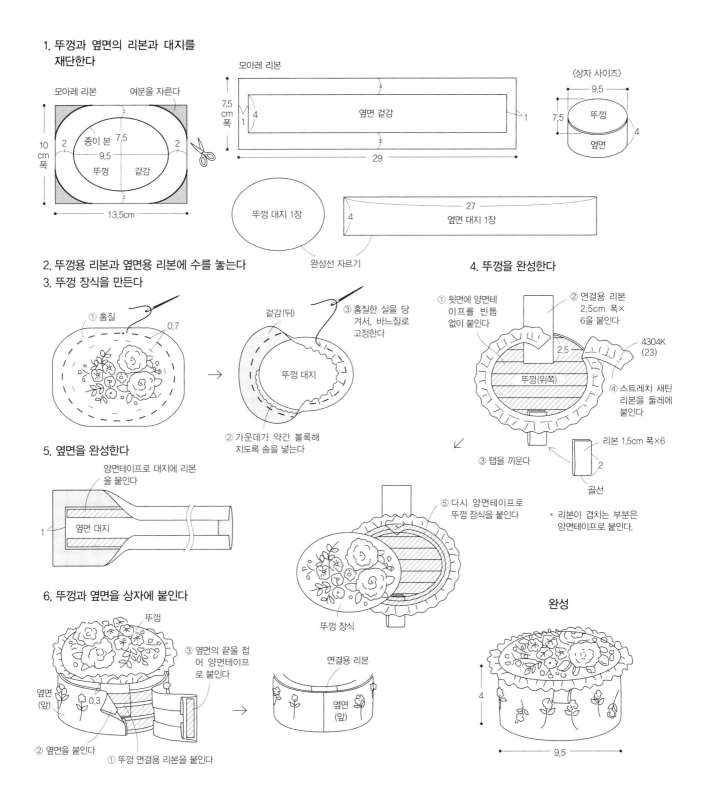

1. 뚜껑과 옆면의 리본과 대지를 재단한다

모아레 리본 / 여분을 자른다

모아레 리본

종이 본 7.5 / 9.5 / 뚜껑 겉감 / 2 / 2

10 cm 폭

13.5cm

7.5 cm 폭 / 4 / 1 / 옆면 겉감 / 1

29

〈상자 사이즈〉

9.5 / 뚜껑 / 옆면 / 7.5 / 4

뚜껑 대지 1장 / 완성선 자르기

4 / 옆면 대지 1장 / 27

2. 뚜껑용 리본과 옆면용 리본에 수를 놓는다
3. 뚜껑 장식을 만든다

① 홈질 / 0.7

겉감(뒤) / 뚜껑 대지

③ 홈질한 실을 당겨서, 바느질로 고정한다

② 가운데가 약간 볼록해지도록 솜을 넣는다

4. 뚜껑을 완성한다

① 뒷면에 양면테이프를 빈틈없이 붙인다

② 연결용 리본 2.5cm 폭×6을 붙인다

4304K (23)

뚜껑(위쪽) / 2.5

④ 스트레치 새틴 리본을 둘레에 붙인다

③ 탭을 끼운다

리본 1.5cm 폭×6 / 2 / 골선

* 리본이 겹치는 부분은 양면테이프로 붙인다.

5. 옆면을 완성한다

양면테이프로 대지에 리본을 붙인다

옆면 대지 / 1

⑤ 다시 양면테이프로 뚜껑 장식을 붙인다

뚜껑 장식

6. 뚜껑과 옆면을 상자에 붙인다

뚜껑

③ 옆면의 끝을 접어 양면테이프로 붙인다

옆면 (앞) / 0.3

② 옆면을 붙인다

① 뚜껑 연결용 리본을 붙인다

연결용 리본

옆면 (앞)

완성

4 / 9.5

20, 21. 상자 뚜껑 2종 (61쪽)

종이 본·도안   94쪽
재료 〈공통: 1개분〉 겉 뚜껑용 리본(7.5cm 폭의 실크 모아레 리본): 10cm, 테두리용 리본(No.9336): 25cm,
솜·대지: 각 적당량, 원통형 빈 상자: 1개, 양면테이프: 적당량, 자수용 리본과 자수실: 도안 참조

1. 뚜껑용 리본과 대지를 재단한다

모아레 리본

〈뚜껑 사이즈〉

9

종이 본

지름 6

7.5cm 폭

여분을
자른다

상자

6

대지 1장

6

2. 수를 놓는다
3. 뚜껑 장식을 만든다 (93쪽 참조)

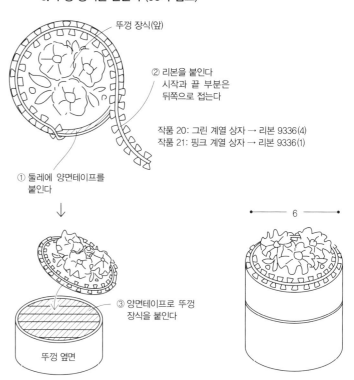

뚜껑 장식(앞)

② 리본을 붙인다
시작과 끝 부분은
뒤쪽으로 접는다

작품 20: 그린 계열 상자 → 리본 9336(4)
작품 21: 핑크 계열 상자 → 리본 9336(1)

① 둘레에 양면테이프를
붙인다

③ 양면테이프로 뚜껑
장식을 붙인다

뚜껑 옆면

6

작품 20 실물크기 종이 본·도안

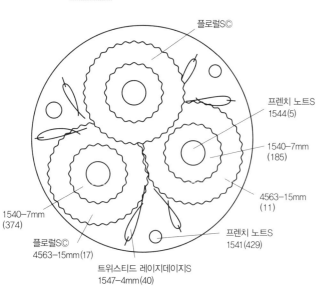

플로럴S©

프렌치 노트S
1544(5)

1540-7mm
(185)

4563-15mm
(11)

프렌치 노트S
1541(429)

1540-7mm
(374)

플로럴S©
4563-15mm(17)

트위스티드 레이지데이지S
1547-4mm(40)

작품 21 실물크기 종이 본·도안

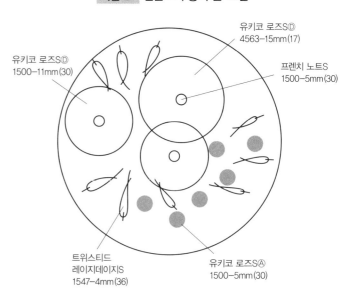

유키코 로즈S©
4563-15mm(17)

유키코 로즈S©
1500-11mm(30)

프렌치 노트S
1500-5mm(30)

트위스티드
레이지데이지S
1547-4mm(36)

유키코 로즈S©
1500-5mm(30)

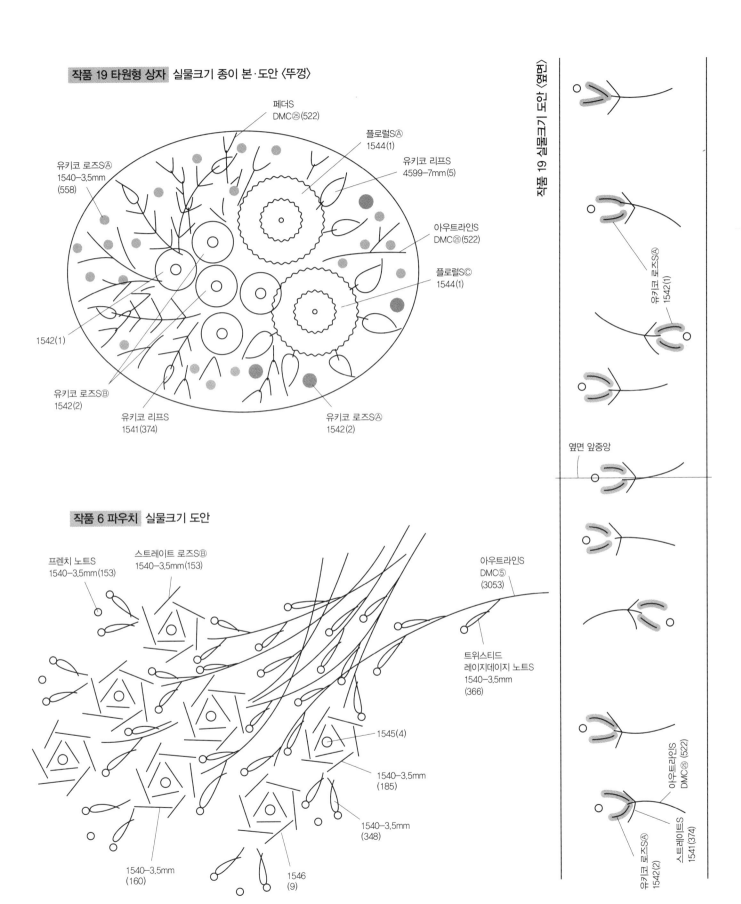

작품 19 타원형 상자 실물크기 종이 본·도안 〈뚜껑〉

페더S
DMC㉕(522)

플로럴SⒶ
1544(1)

유키코 리프S
4599-7mm(5)

유키코 로즈SⒶ
1540-3.5mm
(558)

아웃라인S
DMC㉕(522)

플로럴SⒸ
1544(1)

1542(1)

유키코 로즈SⒷ
1542(2)

유키코 리프S
1541(374)

유키코 로즈SⒶ
1542(2)

작품 6 파우치 실물크기 도안

프렌치 노트S
1540-3.5mm(153)

스트레이트 로즈SⒷ
1540-3.5mm(153)

아웃라인S
DMC⑤
(3053)

트위스티드
레이지데이지 노트S
1540-3.5mm
(366)

1545(4)

1540-3.5mm
(185)

1540-3.5mm
(348)

1540-3.5mm
(160)

1546
(9)

작품 19 실물크기 도안 〈옆면〉

유키코 로즈SⒶ
1542(1)

옆면 앞중앙

유키코 로즈SⒶ
1542(2)

아웃라인S
DMC㉕(522)

스트레이트S
1541(374)

※ 꽃의 심지실은 DMC⑤ 공통. 실 색상은 리본의 꽃 색상에 맞춘다.

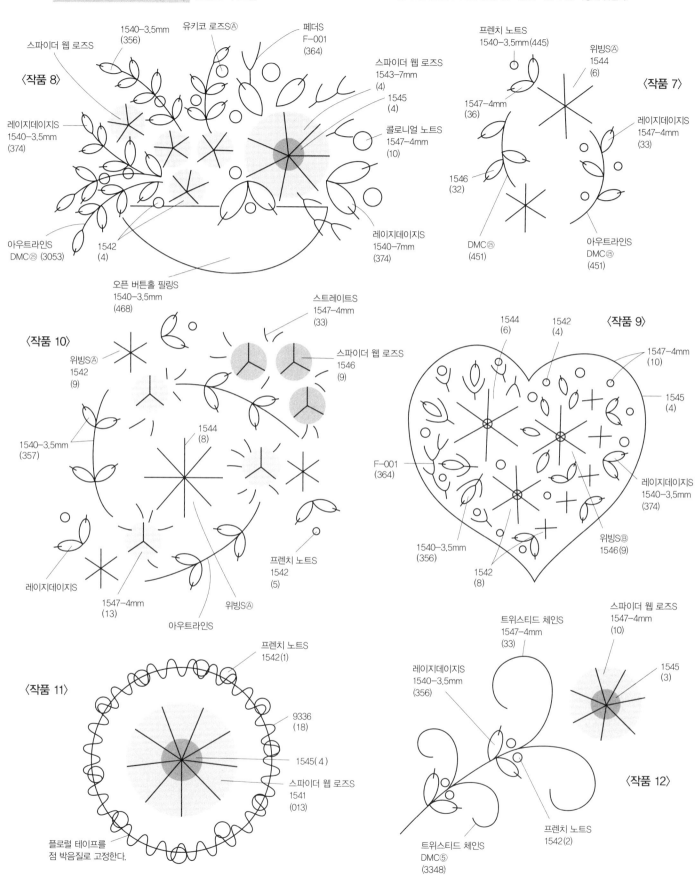

〈작품 8〉

스파이더 웹 로즈S
1540-3.5mm
(356)

유키코 로즈S⒜

페더S
F-001
(364)

스파이더 웹 로즈S
1543-7mm
(4)

1545
(4)

콜로니얼 노트S
1547-4mm
(10)

레이지데이지S
1540-3.5mm
(374)

아웃라인S
DMC㉕ (3053)

1542
(4)

레이지데이지S
1540-7mm
(374)

프렌치 노트S
1540-3.5mm(445)

위빙S⒜
1544
(6)

1547-4mm
(36)

〈작품 7〉

레이지데이지S
1547-4mm
(33)

1546
(32)

DMC㉕
(451)

아웃라인S
DMC㉕
(451)

오픈 버튼홀 필링S
1540-3.5mm
(468)

스트레이트S
1547-4mm
(33)

〈작품 10〉

위빙S⒜
1542
(9)

스파이더 웹 로즈S
1546
(9)

1540-3.5mm
(357)

1544
(8)

1544
(6)

1542
(4)

〈작품 9〉

1547-4mm
(10)

1545
(4)

F-001
(364)

레이지데이지S
1540-3.5mm
(374)

레이지데이지S

1547-4mm
(13)

위빙S⒜

아웃라인S

프렌치 노트S
1542
(5)

1540-3.5mm
(356)

1542
(8)

위빙S⒝
1546(9)

프렌치 노트S
1542(1)

〈작품 11〉

9336
(18)

1545(4)

스파이더 웹 로즈S
1541
(013)

플로럴 테이프를
점 박음질로 고정한다.

트위스티드 체인S
1547-4mm
(33)

스파이더 웹 로즈S
1547-4mm
(10)

레이지데이지S
1540-3.5mm
(356)

1545
(3)

〈작품 12〉

프렌치 노트S
1542(2)

트위스티드 체인S
DMC⑤
(3348)

※ 꽃의 심지실은 DMC⑤ 공통. 실 색상은 리본의 꽃 색상에 맞춘다.

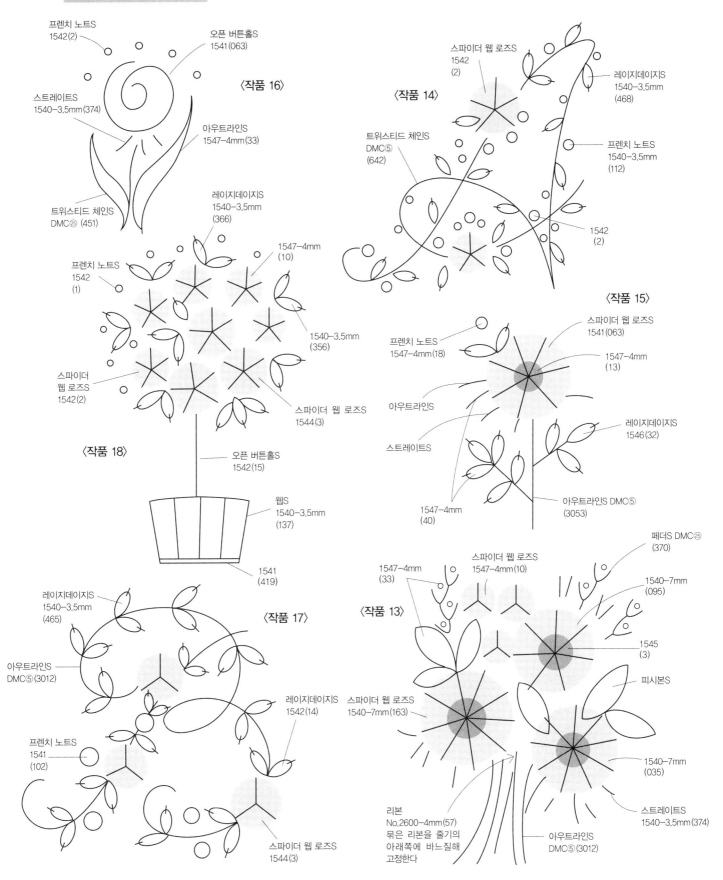

프렌치 노트S
1542(2)

오픈 버튼홀S
1541(063)

〈작품 16〉

스트레이트S
1540-3.5mm(374)

아우트라인S
1547-4mm(33)

트위스티드 체인S
DMC㉕ (451)

레이지데이지S
1540-3.5mm
(366)

스파이더 웹 로즈S
1542
(2)

〈작품 14〉

레이지데이지S
1540-3.5mm
(468)

트위스티드 체인S
DMC⑤
(642)

프렌치 노트S
1540-3.5mm
(112)

프렌치 노트S
1542
(1)

1547-4mm
(10)

1542
(2)

1540-3.5mm
(356)

스파이더
웹 로즈S
1542(2)

스파이더 웹 로즈S
1544(3)

〈작품 18〉

오픈 버튼홀S
1542(15)

웹S
1540-3.5mm
(137)

1541
(419)

〈작품 15〉

스파이더 웹 로즈S
1541(063)

프렌치 노트S
1547-4mm(18)

1547-4mm
(13)

아우트라인S

레이지데이지S
1546(32)

스트레이트S

1547-4mm
(40)

아우트라인S DMC⑤
(3053)

페더S DMC㉕
(370)

스파이더 웹 로즈S
1547-4mm(10)

1547-4mm
(33)

1540-7mm
(095)

〈작품 13〉

1545
(3)

레이지데이지S
1540-3.5mm
(465)

〈작품 17〉

피시본S

아우트라인S
DMC⑤(3012)

레이지데이지S
1542(14)

스파이더 웹 로즈S
1540-7mm(163)

1540-7mm
(035)

프렌치 노트S
1541
(102)

스트레이트S
1540-3.5mm(374)

스파이더 웹 로즈S
1544(3)

리본
No.2600-4mm(57)
묶은 리본을 줄기의
아래쪽에 바느질해
고정한다

아우트라인S
DMC⑤(3012)

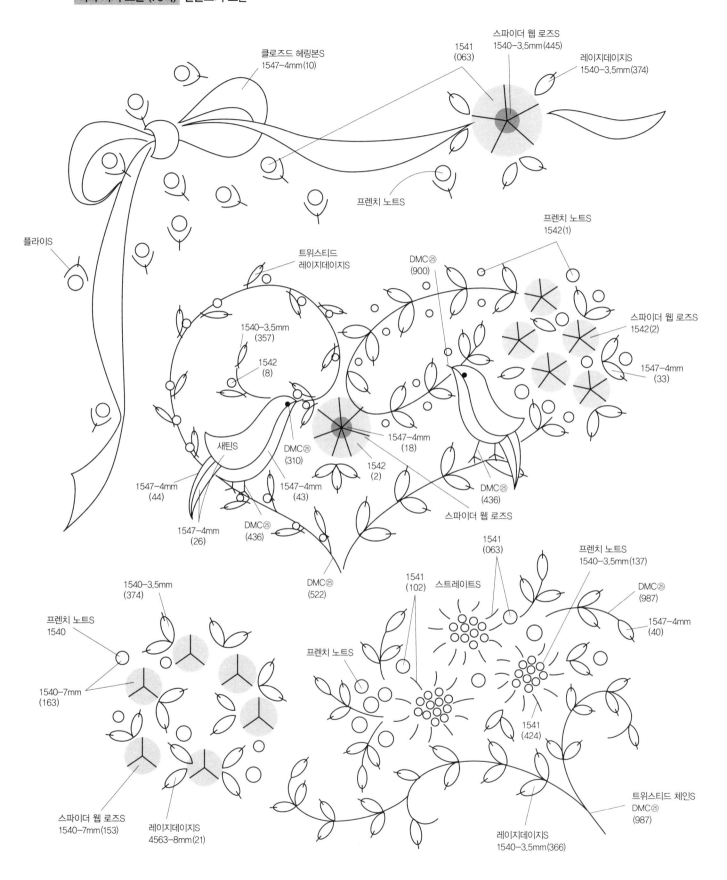

클로즈드 헤링본S
1547-4mm(10)

스파이더 웹 로즈S
1540-3.5mm(445)

1541
(063)

레이지데이지S
1540-3.5mm(374)

프렌치 노트S

프렌치 노트S
1542(1)

플라이S

트위스티드
레이지데이지S

DMC㉕
(900)

스파이더 웹 로즈S
1542(2)

1547-4mm
(33)

1540-3.5mm
(357)

1542
(8)

새틴S

1547-4mm
(18)

DMC㉕
(310)

1542
(2)

DMC㉕
(436)

1547-4mm
(44)

1547-4mm
(43)

DMC㉕
(436)

스파이더 웹 로즈S

1547-4mm
(26)

DMC㉕
(436)

DMC㉕
(522)

1540-3.5mm
(374)

프렌치 노트S
1540

1541
(102)

프렌치 노트S

1541
(063)

스트레이트S

프렌치 노트S
1540-3.5mm(137)

DMC㉕
(987)

1547-4mm
(40)

1540-7mm
(163)

1541
(424)

스파이더 웹 로즈S
1540-7mm(153)

레이지데이지S
4563-8mm(21)

레이지데이지S
1540-3.5mm(366)

트위스티드 체인S
DMC㉕
(987)

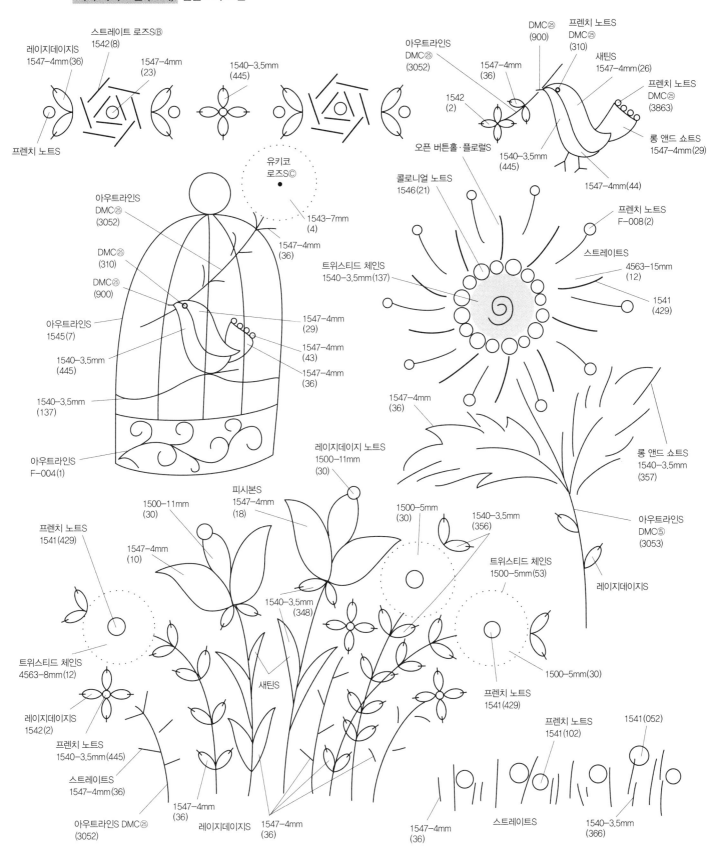

레이지데이지S
1547-4mm(36)

스트레이트 로즈S®
1542(8)

1547-4mm
(23)

1540-3.5mm
(445)

프렌치 노트S

DMC㉕
(900)

프렌치 노트S
DMC㉕
(310)

아우트라인S
DMC㉕
(3052)

1547-4mm
(36)

새틴S
1547-4mm(26)

프렌치 노트S
DMC㉕
(3863)

1542
(2)

롱 앤드 쇼트S
1547-4mm(29)

오픈 버튼홀·플로럴S

1540-3.5mm
(445)

1547-4mm(44)

콜로니얼 노트S
1546(21)

프렌치 노트S
F-008(2)

아우트라인S
DMC㉕
(3052)

유키코
로즈S©

1543-7mm
(4)

1547-4mm
(36)

트위스티드 체인S
1540-3.5mm(137)

스트레이트S

4563-15mm
(12)

DMC㉕
(310)

DMC㉕
(900)

1541
(429)

아우트라인S
1545(7)

1547-4mm
(29)

1540-3.5mm
(445)

1547-4mm
(43)

1547-4mm
(36)

1540-3.5mm
(137)

1547-4mm
(36)

롱 앤드 쇼트S
1540-3.5mm
(357)

아우트라인S
F-004(1)

레이지데이지 노트S
1500-11mm
(30)

아우트라인S
DMC⑤
(3053)

피시본S
1547-4mm
(18)

1500-11mm
(30)

1500-5mm
(30)

1540-3.5mm
(356)

레이지데이지S

프렌치 노트S
1541(429)

1547-4mm
(10)

1540-3.5mm
(348)

트위스티드 체인S
1500-5mm(53)

트위스티드 체인S
4563-8mm(12)

새틴S

1500-5mm(30)

레이지데이지S
1542(2)

프렌치 노트S
1541(429)

프렌치 노트S
1540-3.5mm(445)

프렌치 노트S
1541(102)

1541(052)

스트레이트S
1547-4mm(36)

아우트라인S DMC㉕
(3052)

레이지데이지S

1547-4mm
(36)

1547-4mm
(36)

1547-4mm
(36)

스트레이트S

1540-3.5mm
(366)

알파벳 전부　　트위스티드 체인S 1547-4mm(40)
꽃　　　　　　프렌치 노트S
잎　　　　　　스트레이트S 1540-3,5mm(357)

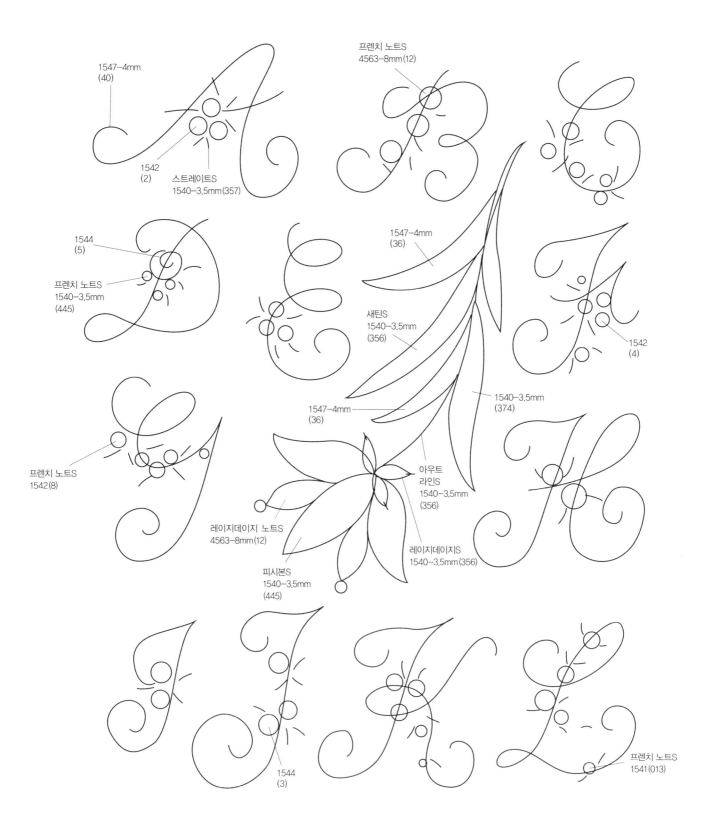

1547-4mm
(40)

1542
(2)

스트레이트S
1540-3,5mm(357)

프렌치 노트S
4563-8mm(12)

1544
(5)

프렌치 노트S
1540-3,5mm
(445)

1547-4mm
(36)

새틴S
1540-3,5mm
(356)

1540-3,5mm
(374)

1542
(4)

프렌치 노트S
1542(8)

1547-4mm
(36)

아우트
라인S
1540-3,5mm
(356)

레이지데이지 노트S
4563-8mm(12)

피시본S
1540-3,5mm
(445)

레이지데이지S
1540-3,5mm(356)

1544
(3)

프렌치 노트S
1541(013)

1547–4mm
(40)

1544
(3)

1542
(8)

1544
(5)

1540–3,5mm
(357)

1541
(013)

1547–4mm
(18)

1500–11mm
(30)

1542
(4)

4563–8mm
(12)

1540–3,5mm
(445)

트위스티드 체인S

레이지데이지S

1542
(2)

1542
(4)

1540–7mm
(356)

1542
(1)

1541
(013)

트위스티드 체인S
F–001
(364)

4563–8mm
(12)

1544
(3)

1544
(5)

1542
(1)

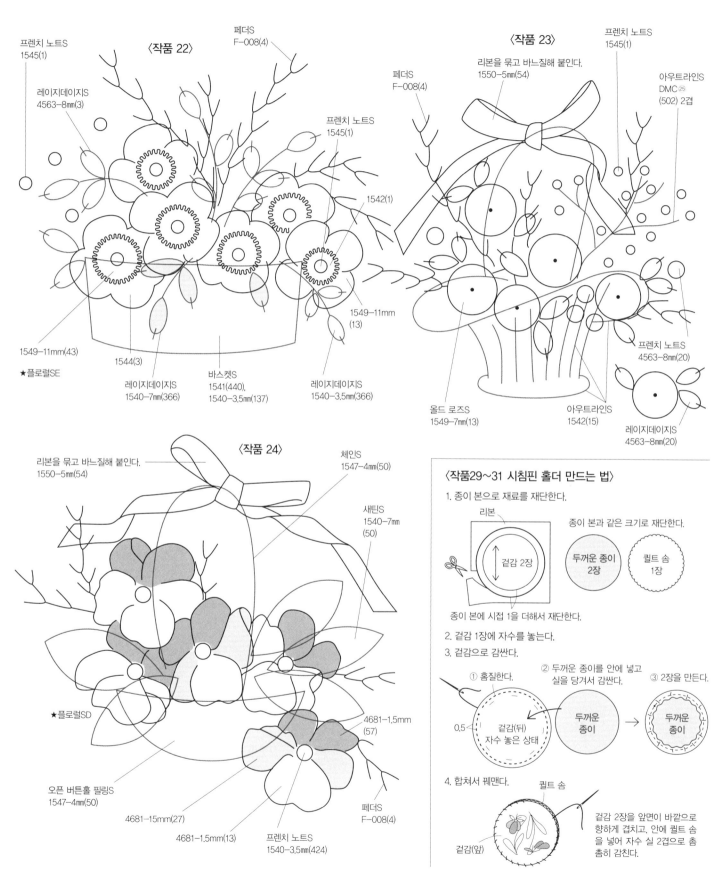

〈작품 22〉

프렌치 노트S
1545(1)

페더S
F-008(4)

레이지데이지S
4563-8mm(3)

프렌치 노트S
1545(1)

1542(1)

1549-11mm
(13)

1549-11mm(43)

★플로럴SE

1544(3)

레이지데이지S
1540-7mm(366)

바스켓S
1541(440),
1540-3.5mm(137)

레이지데이지S
1540-3.5mm(366)

〈작품 23〉

프렌치 노트S
1545(1)

아웃라인S
DMC 25
(502) 2겹

페더S
F-008(4)

리본을 묶고 바느질해 붙인다.
1550-5mm(54)

프렌치 노트S
4563-8mm(20)

올드 로즈S
1549-7mm(13)

아웃라인S
1542(15)

레이지데이지S
4563-8mm(20)

〈작품 24〉

리본을 묶고 바느질해 붙인다.
1550-5mm(54)

체인S
1547-4mm(50)

새틴S
1540-7mm
(50)

★플로럴SD

4681-1.5mm
(57)

오픈 버튼홀 필링S
1547-4mm(50)

4681-15mm(27)

4681-1.5mm(13)

프렌치 노트S
1540-3.5mm(424)

페더S
F-008(4)

〈작품29~31 시침핀 홀더 만드는 법〉

1. 종이 본으로 재료를 재단한다.

리본

겉감 2장

종이 본과 같은 크기로 재단한다.

두꺼운 종이
2장

퀼트 솜
1장

종이 본에 시접 1을 더해서 재단한다.

2. 겉감 1장에 자수를 놓는다.

3. 겉감으로 감싼다.

① 홈질한다.

② 두꺼운 종이를 안에 넣고
실을 당겨서 감싼다.

③ 2장을 만든다.

0.5

겉감(뒤)
자수 놓은 상태

두꺼운
종이

두꺼운
종이

4. 합쳐서 꿰맨다.

퀼트 솜

겉감(앞)

겉감 2장을 앞면이 바깥으로
향하게 겹치고, 안에 퀼트 솜
을 넣어 자수 실 2겹으로 촘
촘히 감친다.

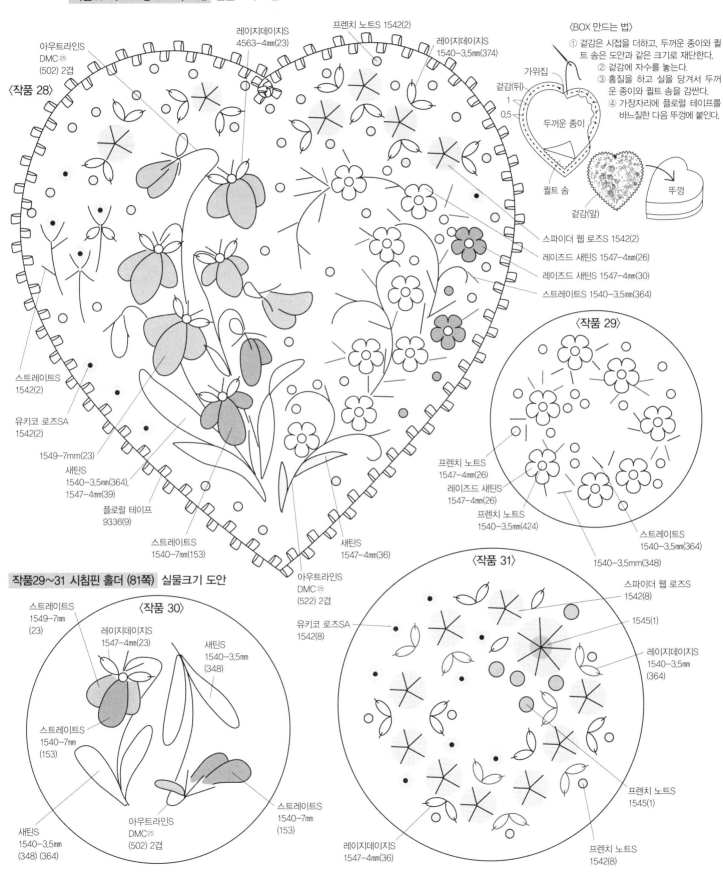

작품28 하트 모양 BOX (81쪽) 실물크기 도안

〈작품 28〉

아웃라인S
DMC㉕
(502) 2겹

레이지데이지S
4563–4mm(23)

프렌치 노트S 1542(2)

레이지데이지S
1540–3.5mm(374)

〈BOX 만드는 법〉
① 겉감은 시접을 더하고, 두꺼운 종이와 퀼트 솜은 도안과 같은 크기로 재단한다.
② 겉감에 자수를 놓는다.
③ 홈질을 하고 실을 당겨서 두꺼운 종이와 퀼트 솜을 감싼다.
④ 가장자리에 플로럴 테이프를 바느질한 다음 뚜껑에 붙인다.

가위집
겉감(뒤)
1
0.5
두꺼운 종이
퀼트 솜
겉감(앞)
뚜껑

스파이더 웹 로즈S 1542(2)
레이즈드 새틴S 1547–4mm(26)
레이즈드 새틴S 1547–4mm(30)
스트레이트S 1540–3.5mm(364)

스트레이트S
1542(2)

유키코 로즈SA
1542(2)

1549–7mm(23)

새틴S
1540–3.5mm(364),
1547–4mm(39)

플로럴 테이프
9336(9)

스트레이트S
1540–7mm(153)

새틴S
1547–4mm(36)

아웃라인S
DMC㉕
(522) 2겹

〈작품 29〉

프렌치 노트S
1547–4mm(26)
레이즈드 새틴S
1547–4mm(26)
프렌치 노트S
1540–3.5mm(424)

스트레이트S
1540–3.5mm(364)

1540–3.5mm(348)

작품29~31 시침핀 홀더 (81쪽) 실물크기 도안

〈작품 30〉

스트레이트S
1549–7mm
(23)

레이지데이지S
1547–4mm(23)

새틴S
1540–3.5mm
(348)

스트레이트S
1540–7mm
(153)

새틴S
1540–3.5mm
(348) (364)

아웃라인S
DMC㉕
(502) 2겹

스트레이트S
1540–7mm
(153)

〈작품 31〉

스파이더 웹 로즈S
1542(8)

1545(1)

레이지데이지S
1540–3.5mm
(364)

프렌치 노트S
1545(1)

유키코 로즈SA
1542(8)

레이지데이지S
1547–4mm(36)

프렌치 노트S
1542(8)

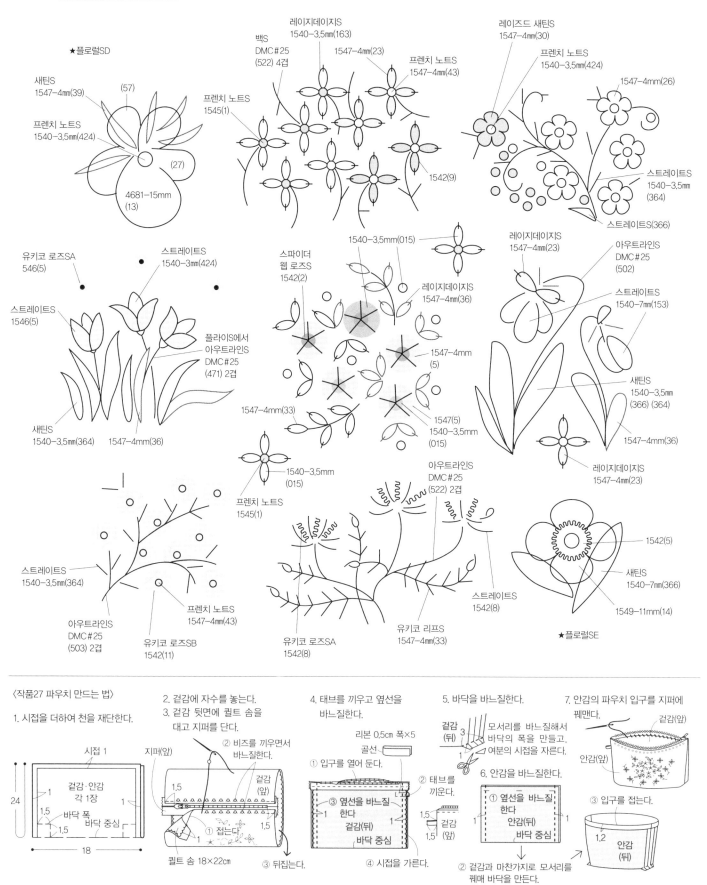

★플로럴SD

새틴S
1547-4mm(39)

(57)

프렌치 노트S
1540-3.5mm(424)

프렌치 노트S
1545(1)

(27)

4681-15mm
(13)

백S
DMC#25
(522) 4겹

레이지데이지S
1540-3.5mm(163)

1547-4mm(23)

프렌치 노트S
1547-4mm(43)

1542(9)

레이즈드 새틴S
1547-4mm(30)

프렌치 노트S
1540-3.5mm(424)

1547-4mm(26)

스트레이트S
1540-3.5mm
(364)

스트레이트S(366)

유키코 로즈SA
546(5)

스트레이트S
1540-3mm(424)

스트레이트S
1546(5)

플라이S에서
아우트라인S
DMC#25
(471) 2겹

새틴S
1540-3.5mm(364)

1547-4mm(36)

스파이더
웹 로즈S
1542(2)

1540-3.5mm(015)

레이지데이지S
1547-4mm(36)

1547-4mm
(5)

1547-4mm(33)

1547(5)
1540-3.5mm
(015)

1540-3.5mm
(015)

프렌치 노트S
1545(1)

레이지데이지S
1547-4mm(23)

아우트라인S
DMC#25
(502)

스트레이트S
1540-7mm(153)

새틴S
1540-3.5mm
(366) (364)

1547-4mm(36)

레이지데이지S
1547-4mm(23)

스트레이트S
1540-3.5mm(364)

아우트라인S
DMC#25
(503) 2겹

유키코 로즈SB
1542(11)

프렌치 노트S
1547-4mm(43)

유키코 로즈SA
1542(8)

아우트라인S
DMC#25
(522) 2겹

유키코 리프S
1547-4mm(33)

스트레이트S
1542(8)

1542(5)

새틴S
1540-7mm(366)

1549-11mm(14)

★플로럴SE

〈작품27 파우치 만드는 법〉

1. 시접을 더하여 천을 재단한다.

2. 겉감에 자수를 놓는다.
3. 겉감 뒷면에 퀼트 솜을 대고 지퍼를 단다.

4. 태브를 끼우고 옆선을 바느질한다.

5. 바닥을 바느질한다.

7. 안감의 파우치 입구를 지퍼에 꿰맨다.

시접 1

겉감·안감
각 1장

24

바닥 폭
바닥 중심

18

1.5

1.5

1

1

지퍼(앞)

② 비즈를 끼우면서 바느질한다.

겉감
(앞)

1.5

1.5

① 접는다

퀼트 솜 18×22cm

③ 뒤집는다.

리본 0.5cm 폭×5

골선

① 입구를 열어 둔다.

② 태브를 끼운다.

옆선을 바느질한다
겉감(뒤)
바닥 중심

1.5

겉감
(앞)

④ 시접을 가른다.

겉감
(뒤)

모서리를 바느질해서 바닥의 폭을 만들고, 여분의 시접을 자른다.

3

1

6. 안감을 바느질한다.

① 옆선을 바느질한다
안감(뒤)
바닥 중심

② 겉감과 마찬가지로 모서리를 꿰매 바닥을 만든다.

겉감(앞)

안감(앞)

③ 입구를 접는다.

1.2

안감
(뒤)

26, 27 . 주머니와 파우치 (80쪽)

종이 본·도안	105쪽
재료 〈작품 26〉	겉감 리본: 20001-100mm(72)×25cm, 안감: 10.5×19cm
	리본: 1150-25mm(40)×5cm, 메탈릭 코드: 30cm×2줄
재료 〈작품 27〉	겉감·안감: 각 18×24cm, 퀼트 솜: 18×22cm
	지퍼(15cm): 1줄, 비즈(소): 적당량

작품26 주머니 실물크기 종이 본·도안

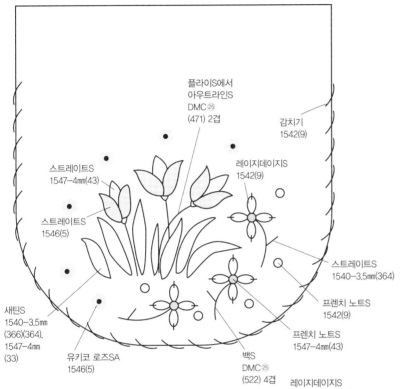

플라이S에서
아우트라인S
DMC㉕
(471) 2겹

감치기
1542(9)

스트레이트S
1547-4mm(43)

레이지데이지S
1542(9)

스트레이트S
1546(5)

스트레이트S
1540-3,5mm(364)

새틴S
1540-3,5mm
(366)(364),
1547-4mm
(33)

프렌치 노트S
1542(9)

유키코 로즈SA
1546(5)

프렌치 노트S
1547-4mm(43)

백S
DMC㉕
(522) 4겹

작품27 파우치 실물크기 종이 본·도안

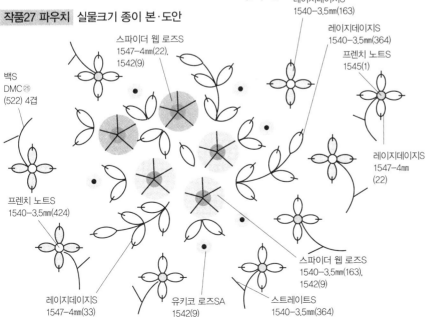

스파이더 웹 로즈S
1547-4mm(22),
1542(9)

레이지데이지S
1540-3,5mm(163)

레이지데이지S
1540-3,5mm(364)

프렌치 노트S
1545(1)

백S
DMC㉕
(522) 4겹

레이지데이지S
1547-4mm
(22)

프렌치 노트S
1540-3,5mm(424)

스파이더 웹 로즈S
1540-3,5mm(163),
1542(9)

레이지데이지S
1547-4mm(33)

유키코 로즈SA
1542(9)

스트레이트S
1540-3,5mm(364)

〈작품 26 주머니 만드는 법〉

1. 종이 본으로 재료를 재단한다.

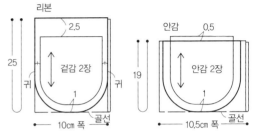

리본

겉감 2장

안감

안감 2장

2. 겉감 1장에 자수를 놓는다.

3. 겉감을 바느질한다.

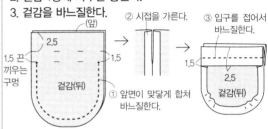

② 시접을 가른다.

③ 입구를 접어서
바느질한다.

1.5 끈
끼우는
구멍

겉감(뒤)

① 앞면이 맞닿게 합쳐
바느질한다.

겉감(뒤)

4. 안감을 바느질한다.

② 겉으로 뒤집고 입구를
1.2 접는다.

① 앞면이 맞닿
게 합쳐 바
느질한다.

안감(뒤)

안감(앞)

5. 3에 4를 붙인다.

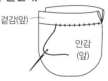

겉감(앞)

안감
(앞)

6. 끈을 끼우고, 끈 장식을 붙인다.

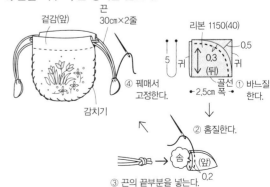

겉감(앞)

끈
30cm×2줄

감치기

④ 꿰매서
고정한다.

리본 1150(40)

① 바느질
한다.

② 홈질한다.

③ 끈의 끝부분을 넣는다.

32, 33. 니들 케이스 (82쪽)

도안   107쪽

재료〈공통: 1개분〉 겉감(7.5cm 폭의 실크 모아레 리본): 40cm, 안감(플라노 울·고동색): 8×40cm, 바늘꽂이·고리 고정용 천(펠트): 7×7cm, 둘레 장식용·고리용 리본: 100cm, 실패걸이용 리본(4mm 폭): 15cm, 핀(소): 1개, 단추(지름 1.3cm): 1개, 솜: 적당량, 자수용 리본과 자수실: 도안 참조

1. 각 파트를 재단한다

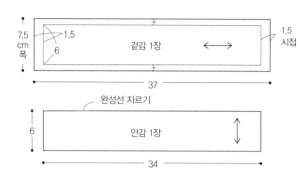

바늘꽂이 1장

고리 고정용 천 1장

완성선 자르기

2. 겉감과 안감에 수를 놓는다
3. 안감에 겉감을 겹쳐, 둘레를 바느질한다

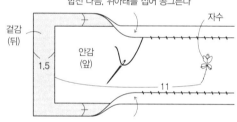

① 겉감과 안감을 앞면이 바깥으로 나오게 합친 다음, 위아래를 접어 공그른다

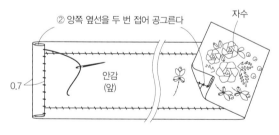

② 양쪽 옆선을 두 번 접어 공그른다

4. 겉감 둘레에 리본을 바느질해 붙인다

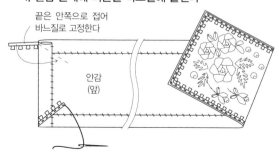

끝은 안쪽으로 접어 바느질로 고정한다

5. 바늘꽂이와 고리를 단다

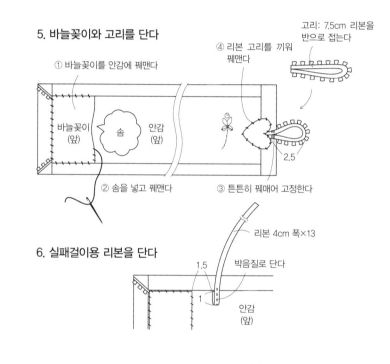

① 바늘꽂이를 안감에 꿰맨다

② 솜을 넣고 꿰맨다

③ 튼튼히 꿰매어 고정한다

④ 리본 고리를 끼워 꿰맨다

고리: 7.5cm 리본을 반으로 접는다

6. 실패걸이용 리본을 단다

리본 4cm 폭×13

박음질로 단다

완성

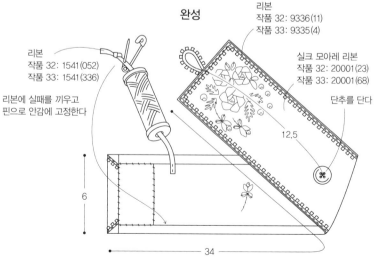

리본에 실패를 끼우고 핀으로 안감에 고정한다

리본
작품 32: 1541(052)
작품 33: 1541(336)

리본
작품 32: 9336(11)
작품 33: 9335(4)

실크 모아레 리본
작품 32: 20001(23)
작품 33: 20001(68)

단추를 단다

작품 33 니들 케이스 실물크기 도안

스트레이트 로즈S④
1542
(4)

1541
(102)

레이지데이지S
1540–3.5mm
(356)

프렌치 노트S
1542
(4)

프렌치 노트S
1544(5)

리프S
F–001(364)

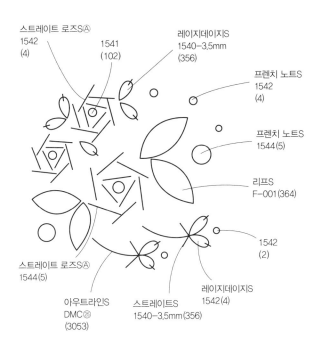

1542
(2)

스트레이트 로즈S④
1544(5)

아우트라인S
DMC㉕
(3053)

스트레이트S
1540–3.5mm(356)

레이지데이지S
1542(4)

실물크기 종이 본

작품 32·33
고리 고정용 천
(공통)

작품 32 니들 케이스 실물크기 도안

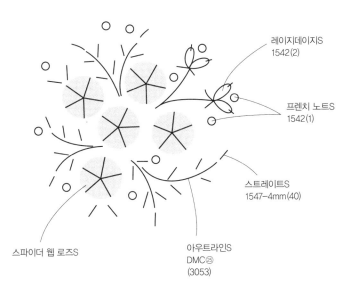

레이지데이지S
1542(2)

프렌치 노트S
1542(1)

스트레이트S
1547–4mm(40)

스파이더 웹 로즈S

아우트라인S
DMC㉕
(3053)

〈작품 33 안쪽〉

〈작품 32 안쪽〉

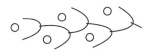

레이지데이지S
1542(2)

레이지데이지S
1542(4)

아우트라인S
DMC㉕
(3053)

프렌치 노트S
1542(2)

스트레이트S
1547–4mm(40)

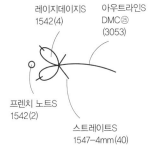

프렌치 노트S
1542(2)

페더S
1540–3.5mm(356)

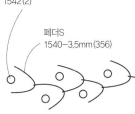

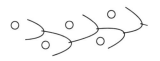

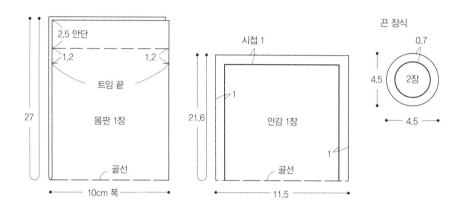

34. 미니 파우치 (82쪽)

도안 109쪽

재료 몸판·끈 장식(10cm 폭의 실크 모아레 리본): 32cm, 안감(새틴·흰색): 15×25cm, 리본(3.5mm 폭): 50cm,
끈(메탈릭 코드): 60cm, 비즈·솜: 각 적당량, 자수용 리본과 자수실: 도안 참조

1. 각 파트를 재단한다

2.5 안단
1.2   1.2
트임 끝
몸판 1장
27
골선
10cm 폭

시접 1
1
21.6
안감 1장
1
골선
11.5

끈 장식
0.7
4.5
2장
4.5

2. 몸판에 수를 놓는다

3. 몸판을 반으로 접고, 옆선을 리본으로 감친다

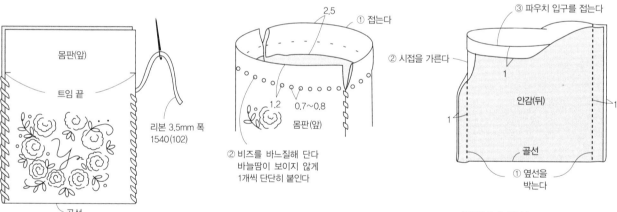

몸판(앞)
트임 끝
리본 3.5mm 폭
1540(102)
골선

4. 파우치 입구를 접어 넣고, 비즈를 단다

2.5
① 접는다
1.2   0.7~0.8
몸판(앞)
② 비즈를 바느질해 단다
바늘땀이 보이지 않게
1개씩 단단히 붙인다

5. 안감을 박는다

③ 파우치 입구를 접는다
② 시접을 가른다
1
안감(뒤)
1
1
골선
① 옆선을
박는다

6. 몸판과 안감을 앞면이 바깥으로 나오게 합쳐서, 파우치 입구를 꿰맨다

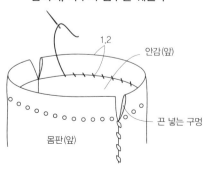

1.2
안감(앞)
끈 넣는 구멍
몸판(앞)

7. 끈을 끼우고, 끈 장식을 붙인다

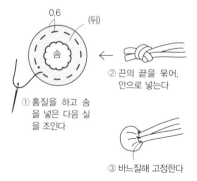

0.6
(뒤)
솜
② 끈의 끝을 묶어,
안으로 넣는다
① 홈질을 하고 솜
을 넣은 다음 실
을 조인다
③ 바느질해 고정한다

〈작품 34〉 완성

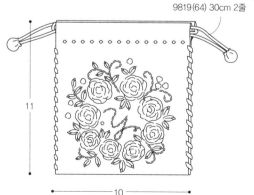

메탈릭 골드(가는 타입)
9819(64) 30cm 2줄
11
10

35. 미니 파우치 (82쪽)

도안　109쪽

재료　몸판·끈 장식(10cm 폭의 실크 모아레 리본): 32cm, 안감(새틴·흰색): 15×25cm, 리본(3.5mm 폭): 50cm, 끈(메탈릭 코드): 60cm, 비즈·솜: 각 적당량, 자수용 리본과 자수실: 도안 참조

※ 만드는 법은 작품 34(108쪽)와 같다(3, 5 제외).

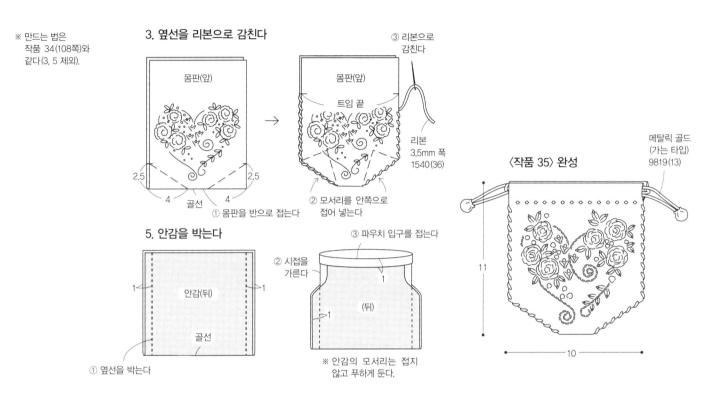

3. 옆선을 리본으로 감친다

몸판(앞)

③ 리본으로 감친다

몸판(앞)

트임 끝

리본 3.5mm 폭 1540(36)

2.5　2.5

4　4

골선

① 몸판을 반으로 접는다

② 모서리를 안쪽으로 접어 넣는다

5. 안감을 박는다

1　안감(뒤)　1

골선

① 옆선을 박는다

③ 파우치 입구를 접는다

② 시접을 가른다

1

(뒤)

1

※ 안감의 모서리는 접지 않고 푸하게 둔다.

〈작품 35〉 완성

메탈릭 골드 (가는 타입) 9819(13)

11

10

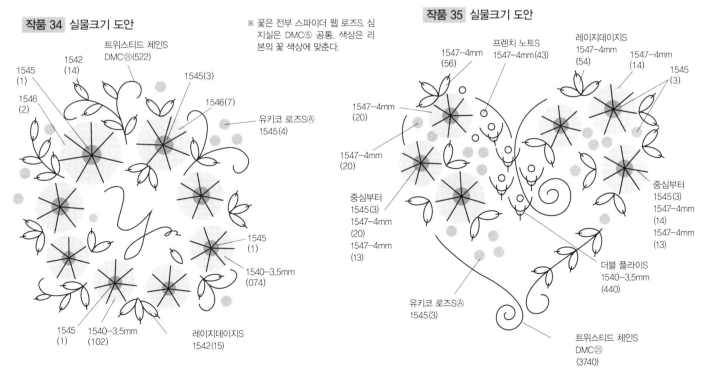

작품 34 실물크기 도안

트위스티드 체인S DMC㉕(522)

1542 (14)

1545 (1)

1546 (2)

1545(3)

1546(7)

유키코 로즈S⒜ 1545(4)

1545 (1)

1540-3.5mm (074)

1545 (1)

1540-3.5mm (102)

레이지데이지S 1542(15)

※ 꽃은 전부 스파이더 웹 로즈S. 심 지실은 DMC⑤ 공통. 색상은 리 본의 꽃 색상에 맞춘다.

작품 35 실물크기 도안

1547-4mm (56)

프렌치 노트S 1547-4mm (43)

레이지데이지S 1547-4mm (54)

1547-4mm (14)

1545 (3)

1547-4mm (20)

1547-4mm (20)

중심부터 1545(3) 1547-4mm (20) 1547-4mm (13)

유키코 로즈S⒜ 1545(3)

중심부터 1545(3) 1547-4mm (14) 1547-4mm (13)

더블 플라이S 1540-3.5mm (440)

트위스티드 체인S DMC㉕ (3740)

36, 37. 소잉 케이스 & 핀 쿠션 (83쪽)

종이 본·도안	111쪽
재료 〈소잉 케이스〉	겉쪽(10cm 폭의 실크 모아레 리본): 30cm, 안쪽(하트a·c∼e 펠트·연한 핑크): 25×20cm, (하트b 펠트·연한 그린): 10×10cm, 퀼트 솜: 12×25cm, 새틴 리본(1cm 폭): 70cm/ (0.4cm 폭): 25cm, 리본(3.5mm 폭 No.1540): 적당량, 비즈(소): 적당량, 솜: 적당량, 우드 비즈(지름 1.6×1.7cm): 1개, 옷핀: 1개, 자수용 리본과 자수실: 도안 참조
재료 〈핀 쿠션: 1개분〉	겉감(10cm 폭의 실크 모아레 리본): 15cm, 둘레·고리(0.7cm 폭의 리본): 25cm, 솜: 적당량, 자수용 리본과 자수실: 도안 참조

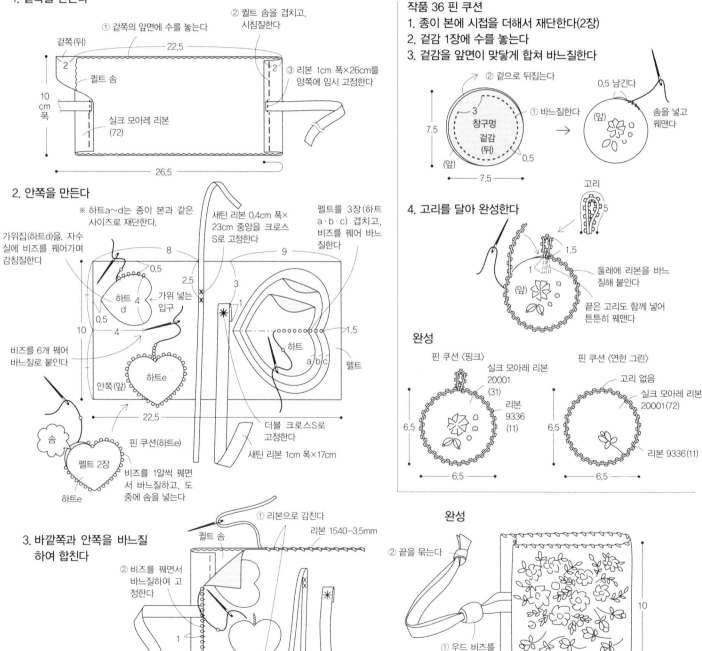

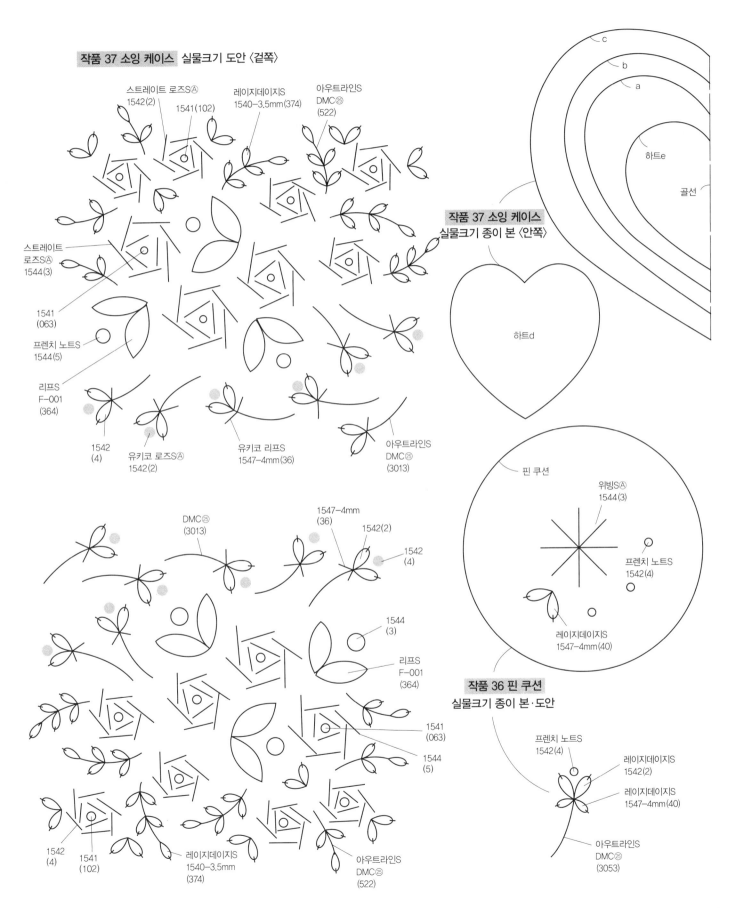

작품 37 소잉 케이스 실물크기 도안 〈겉쪽〉

스트레이트 로즈SⒶ
1542(2)
1541(102)
레이지데이지S
1540-3.5mm(374)
아웃라인S
DMC㉕
(522)

스트레이트
로즈SⒶ
1544(3)

1541
(063)

프렌치 노트S
1544(5)

리프S
F-001
(364)

1542
(4)
유키코 로즈SⒶ
1542(2)
유키코 리프S
1547-4mm(36)
아웃라인S
DMC㉕
(3013)

c
b
a
하트e
골선

작품 37 소잉 케이스
실물크기 종이 본 〈안쪽〉

하트d

DMC㉕
(3013)
1547-4mm
(36)
1542(2)
1542
(4)

1544
(3)

리프S
F-001
(364)

1541
(063)

1544
(5)

1542
(4)
1541
(102)
레이지데이지S
1540-3.5mm
(374)
아웃라인S
DMC㉕
(522)

핀 쿠션
위빙SⒶ
1544(3)
프렌치 노트S
1542(4)
레이지데이지S
1547-4mm(40)

작품 36 핀 쿠션
실물크기 종이 본·도안

프렌치 노트S
1542(4)
레이지데이지S
1542(2)
레이지데이지S
1547-4mm(40)
아웃라인S
DMC㉕
(3053)

ZOHO KAITEIBAN OGURA YUKIKO NO RIBBON SHISHU NO KISO BOOK by Yukiko Ogura (NV70561)

Copyright © Yukiko Ogura / NIHON VOGUE-SHA 2019
All rights reserved.
First published in Japan in 2019 by NIHON VOGUE corp.
Photographer: Yukari Shirai, Toshikatsu Watanabe
This Korean edition is published by arrangement with NIHON VOGUE corp.,
Tokyo in care of Tuttle-Mori Agency, Inc., Tokyo through Botong Agency, Seoul.

쉽게 배우는
리본 자수의 기초

1판 1쇄 인쇄 | 2021년 1월 11일
1판 1쇄 발행 | 2021년 1월 18일

지은이 오구라 유키코
옮긴이 강수현
펴낸이 김기옥

실용본부장 박재성
편집 실용 2팀 이나리, 손혜인
영업·마케팅 김선주
커뮤니케이션 플래너 서지운
지원 고광현, 김형식, 임민진

디자인 제이알컴
인쇄·제본 민언 프린텍

펴낸곳 한스미디어(한즈미디어(주))
주소 121-839 서울시 마포구 양화로 1길 13(서교동, 강원빌딩 5층)
전화 02-707-0337 | 팩스 02-707-0198 | 홈페이지 www.hansmedia.com
출판신고번호 제 313-2003-227호 | 신고일자 2003년 6월 25일

ISBN 979-11-6007-564-9 13590

책값은 뒤표지에 있습니다.
잘못 만들어진 책은 구입하신 서점에서 교환해드립니다.